흥미로운
심해 탐사여행

전 세계 해양생물 개체조사

흥미로운 심해 탐사 여행

전 세계 해양생물 개체조사

달린 트루 크리스트, 게일 스코크로프트, 제임스 M. 하딩 주니어 지음

김성훈 옮김

시그마북스
Sigma Books

흥미로운 심해 탐사 여행

전 세계 해양생물 개체조사

발행일 2010년 05월 03일 초판 1쇄 발행

지은이 달린 트루 크리스트, 게일 스코크로프트, 제임스 M. 하딩 주니어

옮긴이 김성훈

발행인 강학경

발행처 시그마북스

마케팅 정제용, 김효정

에디터 권경자, 김진주, 이정윤, 김경림

디자인 우일미디어

등록번호 제10-965호

주소 서울특별시 마포구 성산동 210-13 한성빌딩 5층

전자우편 sigma@spress.co.kr

홈페이지 http://www.sigmapress.co.kr

전화 (02) 323-4845~7(영업부), (02) 323-0658~9(편집부)

팩시밀리 (02) 323-4197

인쇄 백산인쇄

가격 45,000원

ISBN 978-89-8445-395-1(03520)

World Ocean Census: A Global Survey of Marine Life

이 책을 우리의 동료인

고故 랜섬 마이어스Ransom A. Myers와 고故 로빈 릭비Robin Rigby에게 바친다.

그들의 기여는 무척이나 컸고,

그들의 일은 언제나 영감으로 충만했다.

그리고 그들의 통찰력이 사무치게 그리워질 것이다.

감사의 말

이 책의 개념을 처음 제안하고, 끊임없이 우리를 지원해 주고 격려를 아끼지 않은 '파이어플라이 북스Firefly Books'의 라이어넬 코플러Lionel Koffler 회장님께 감사의 말씀을 전합니다.

이 책은 전 세계 해양생물 개체조사팀 동료들의 친절한 협조가 없었다면 세상의 빛을 보지 못했을 것입니다. 자신이 발견한 내용들이 정확하게 표현되었는지 우리와 함께 세심하고 성실하게 검토해 준 많은 연구자들과, 아름다운 사진들을 사용하도록 허락해 준 많은 사진가들에게 큰 신세를 졌습니다.

우리는 해양생물 개체조사팀의 공동 수석 과학자인 론 오도르Ron O' Dor에게도 많은 신세를 졌습니다. 그는 바쁜 일정에도 불구하고 우리 원고를 검토하고 편집해 주었습니다. 그리고 지원과 격려를 아끼지 않은 로드아일랜드 대학교University of Rhode Island 해양 프로그램 사무국Office of Marine Programs의 사라 히콕스Sara Hickox에게도 감사드립니다. 그녀의 추천이 없었다면 이 책은 나오지 못했을 것입니다. 또 많은 도움을 준 알프레드 P. 슬론 재단Alfred P. Sloan Foundation의 제시 오스벨Jesse H. Ausubel에게 감사드립니다. 그의 비전은 해양생물 개체조사 사업의 탄생에 크게 기여했고, 그와 함께 일할 특권을 누린 모든 사람들에게 끊임없이 영감을 불어넣어 주었습니다.

우리는 해양생물 개체조사 사업에 대해 이야기할 기회를 얻게 된 것을 무한한 영광으로 생각합니다. 이 사업은 야심차고, 혁신적이며, 폭넓은 사업이고, 전 세계의 바다와 그 안에 살아가는 생물들을 이해하는 데 큰 기여를 하게 될 것입니다.

6쪽: Ptychogastria polaris. 보통 깊은 물에 사는 이 아름다운 해파리는 북극해와 남극해의 수면 가까이에서도 볼 수 있다.

차례

이 생물에게는 흡혈오징어Vampyroteuthis infernalis(이 학명은 말 그대로 '지옥에서 온 흡혈오징어'라는 뜻이다)라는 아주 어울리는 이름이 붙었다. 이 오징어는 생물발광하는 끈적거리는 점액을 다리 끝에서 안개처럼 뿜어내서 자신을 보호하는데, 이것은 아마도 포식자를 눈부시게 해서 그 틈을 타 어둠 속으로 도망갈 수 있게 해주는 것으로 보인다.

서문 실비아 얼Sylvia Earle 박사

월드 오션World's Oceans 및 내셔널 지오그래픽
소사이어티 상주 탐험가 홍보대사

이 놀라운 물속 세계에 견줄 수 있는 유일한 장소는 있는 그대로의 우주, 그 자체
밖에 없을 것이다. 암흑의 공간 속에 빛나는 행성, 태양 그리고 별로 가득 찬 우
주는 반 마일 아래 바다 속에서 경외감에 휩싸인 한 인간의 눈에 비친 이 생명의
세계와 정말 너무도 닮아 있지 않을까.

— 윌리엄 비베William Beebe, 『반 마일 아래Half Mile Down』

최근까지도 바다의 생물 다양성은 육지생물의 복잡성과 풍부함에 비해, 특히나 열
대우림과 온대삼림 지대의 생물 다양성에 비해 떨어질 거라 생각하는 사람들이 많
았다. 어떻게 이런 오해가 생겨났는지는 이해하기 어렵지 않다. 그런 큰 이유 중 하
나는 지금까지 이름이 붙은 모든 육상동물 중 거의 절반을 차지하는 곤충, 그중에
서도 특히 딱정벌레들이 엄청나게 다양하기 때문일 것이다. 그보다 더 큰 이유를
들라면 아무래도 사람이 뭍에 살면서 공기로 숨을 쉬는 동물이다 보니, 육지에서는
아무리 높은 산, 건조한 사막, 혹독하게 추운 극지방을 만나도 어떻게든 돌아다니
면서 크고 작은 다양한 육상생물에 친숙해졌기 때문이리라. 바다에 다가가는 일은
그보다는 훨씬 어려운 일이었다.

바다는 지구 생물권biosphere의 99퍼센트를 차지하지만, 탐사는커녕 눈길이라도
한번 줘본 곳이 전체 바다의 5퍼센트에 불과한 것을 생각해 보면, 지구에 살아가는
생명의 참 모습을 오해하게 된 것도 그다지 이상한 일이 아니다. 다행히도 새로운
기술의 도입으로 우리는 햇빛 눈부신 산호초에서 가장 깊고 어두운 바다 속까지 탐
사해서 생명체를 찾아내고 조사할 수 있는 능력을 갖추게 되었다. 그리고 그러한
탐사 결과가 이 책에 아름답게 그려져 있다. 위대한 도전들이 아직도 많이 남아 있
지만, 해양생물 개체조사에 참가한 사람들은 바다생물들의 과거와 현재, 그리고 미
래를 알아가는 데 큰 발걸음을 내딛었고, 결국 이제야 지구에 살아가는 생명의 참
모습을 온전히 그려내기 위한 발걸음도 함께 내딛게 되었다.

일부 사람들은 바다가 단조롭고 공허한 공간이라고 오랫동안 믿어왔지만 그것은 한참 거리가 있는 이야기였고, 오히려 바다는 그 어느 곳 하나 살아 숨 쉬지 않는 곳이 없다. 플랑크톤을 먹고 사는 고래상어가 입을 벌리고 바닷물을 한 번만 휘젓고 지나가도 열다섯 가지 이상의 문(생물 분류체계는 작은 분류부터 차례로 '종 < 속 < 과 < 목 < 강 < 문 < 계'의 순서로 커진다. 문은 대단히 큰 분류에 속한다_옮긴이)에 속하는 동물의 유충이나 성충을 삼키게 된다. 이는 육상의 동물 문을 모두 합친 것에 버금간다. 고래상어가 한 번에 삼킨 그 속에는 열두 개 문 정도의 원생생물이 들어가고, 그 안에는 산소를 만들어내고 물과 이산화탄소를 결합해 먹을 것을 만들어낸다는 측면에서 볼 때 임무가 막중한 작은 광합성 생명체들도 포함된다. 그 다음으로는 미생물이 있다. 최신 기술로 바닷물 표본을 조사할 때마다 박테리아에서 20세기 말에 발견한 고세균계 kingdom Archeae에 속하는 생물에 이르기까지 수천 종의 신종이 거의 매번 발견되고 있다. 이렇게 작은 생물들만 모르고 지나친 것이 아니다. 새로운 종, 새로운 속뿐만 아니라, 새로운 과의 산호, 해면, 극피동물, 환형동물 등이 수심 300미터 아래로 잠수할 때마다 거의 매번 등장하고 있다. 생물학자이자 잠수가 겸 탐험가인 리처드 파일Richard Pyle은 '약광층twilight zone'으로 알려진 바다 속 빛과 어둠의 경계 지역으로 용감하게 탐험해 들어가서 관찰 1시간당 일곱 종 정도의 빈도로 새로운 어종을 발견한다.

새로 발견되는 종의 양이 많고, 아직 탐사하지 못한 바다가 엄청나게 많이 남아 있는 것을 고려할 때, 알려지지 않은 해양생물 종이 지금까지 알려진 25만 종보다는 훨씬 많을 것이 분명하다. 그렇다면 대체 바다에는 얼마나 많은 식물, 동물, 미생물, 그리고 다른 형태의 생명체들이 살고 있다는 말인가? 그 추정치는 100만 종에서 1억 종까지 다양해서 갈피를 못 잡고 있다. 그만큼 해양생물 개체조사 사업의 목표인 해양생물의 다양성 평가가 인류 역사상 가장 야심찬 일 중 하나라는 말이다. 사실, 이것은 지구상의 생물 대부분을 탐험해서 찾아내고, 분석하고, 분류해 내겠다는 뜻이다. 만만치 않은 일이지만, 지구 위에 생명이 살아갈 수 있게 해준 자연의 시스템들을 인류가 이해하기 원한다면 그만큼 가치 있고 꼭 필요한 일이기도 하다.

개체조사 사업은 중요한 만큼 다급한 일이기도 한데, 그 이유는 현재 해양생물의 다양성에 대해서 그 어느 때보다 많은 것을 알아가고 있지만 그와 동시에 많은 생물 종이 사라져가고 있기 때문이다. 1950년대에 원시 바다에서 선구적으로 잠수를 시작한 것에서 시작해 몇십 년 후에 '실낙원'의 시대에 이르기까지의 경험으로 얻어진 자크 쿠스토Jacques Cousteau의 사고방식은 세상 사람들에게 좀 더 관심을 가지고 행동에 나서도록 영감을 불어넣었다. 해양 포유류와 바닷새, 어류 및 기타 야생

동물들은 식량과 제품 생산을 위해 일부러 죽이기도 하고 사고로 죽기도 해서 개체 수가 줄어들었고, 1952년을 마지막으로 자취를 감춘 카리브 해 몽크 바다표범 같은 일부 종들도 그렇게 사라져갔다. 그러나 눈에 보이는 것이 전부가 아니라는 것이 더 큰 문제다. 많은 동물들은 살 수 있는 공간이 한정되어 있다. 따라서 그 서식처가 파괴되면 그 종도 함께 사라질 수밖에 없다. 특정 산호초나 특정 해저산에만 사는 고유한 종이나 한 종류의 거북이나 고래, 게에만 붙어사는 따개비처럼 특수한 군집을 이루어 사는 종들은 특히나 취약하다. 수온의 변화나 산성화 등 인간의 활동으로 인한 화학적 변화는 지구 환경에 지질학적 규모의 전반적인 변화를 야기하고 있으며, 전체를 구성하는 셀 수 없이 많은 작은 조각을 이루고 있는 생물 종들도 그에 따라 변하고 있다.

인간은 이 지구가 우리 생물 종들에게 쾌적한 장소가 되도록 지탱해 주었던 기반을 훼손하고 말았다. 이것이 어떤 결과를 낳게 될지는 누구도 확신할 수 없다. 이런 변화의 결과로 얼마나 많은 생물이 사라졌고, 또 앞으로 사라지게 될지 역시 누구도 알지 못할 것이다. 하지만 개별 생물 종에서 거대한 생태계에 이르기까지 생명의 다양성을 유지하는 것이야말로 전체 생태계의 회복력을 지키고, 급격한 기후변화의 충격과 우리가 마주하게 될 전례 없는 변화 속에서도 이 지구를 안정되게 유지할 수 있는 핵심이라는 것만큼은 분명하다. 현재, 육지에서는 전 세계적으로 12퍼센트 정도의 넓이를 국립공원이나 보호구역으로 설정해서 육상과 민물의 생물 다양성과 생태계를 보호하고 있는 반면, 바다에서는 그렇게 안전하게 보호하고 있는 곳이 1퍼센트에도 미치지 못한다.

해양생물 개체조사 사업은 하나의 목적을 위해 국제적으로 공조를 이룬 보기 드문 사례이다. 2,000명이 넘는 개체조사팀 과학자들은 과거의 문서들을 뒤지고, 바다 깊은 곳으로 뛰어들고, 거기서 나온 자료들을 바탕으로 미래의 시나리오를 그려가며 여기까지 왔다. 이들의 노력이 한데 모여 값을 매길 수 없는 귀한 선물을 우리에게 안겨주었다. 우리는 해양생물의 특성을 더욱 잘 이해하게 되었고, 건강, 경제, 안전 그리고 무엇보다도 우리가 안락하게 살아갈 수 있는 지구 환경 등 사람들이 신경 쓰는 그 모든 것과 관련해서 바다가 얼마나 중요한 위치를 차지하는지도 알게 되었다. 쉽지 않았던 그들의 10년 동안의 탐사 내용이 여기 아름다운 사진과 우아한 문장으로 정수를 담아 출판되었다.

바다 밑에는 무엇이 살고 있을까?
그 신비를 풀어헤치다

수천 년 동안, 전 세계의 다양한 토착 문화에서는 바다를 지구의 생명이 탄생하는 신화적인 장소, 혹은 생명을 유지하는 힘으로 충만한 신비로운 장소 등으로 묘사해 왔다. 캘리포니아에 살았던 유로크 인디언의 고대 신화를 살펴보면, 위대한 두 존재인 천둥과 지진은 함께 힘을 합쳐 바다를 창조해 그것을 물로 채웠다. 동물들은 바다의 아름다움에 매료되어 그곳에 찾아와 살기 시작했다. 이 이야기에는 새로 만들어진 바다에 누군가 몇 마리를 그 안으로 던져 넣기라도 한 것처럼 찾아오게 된 바다표범에 대한 이야기가 있다. 자신들이 만들어 놓은, 물로 가득 찬 광활하고 깊은 대양을 바라보면서 지진과 천둥은 자신들의 일이 끝났음에 만족했다. 바다는 지구의 모든 생물들을 먹여 살릴 수 있을 만큼 충분히 컸다.

인류가 오랫동안 바다에 매혹되었다는 것은 놀라운 일도 아니다. 지구는 지금까지 알려진 행성들 가운데 표면에 액체 상태의 물을 가지고 있는 유일한 행성이며, 바다에서 과학적으로 탐사해 본 영역은 극히 일부에 지나지 않는다. 비록 바다에 대한 포괄적인 자료가 없는 상황이지만, 바다가 어떻게 형성되었고 어떻게 구성되었는지에 대해서는 일반적으로 인정받고 있는 이론들이 있으며 심지어는 바다가 어떻게 작동하는지에 대해서도 일부 공감대가 형성되어 있다. 과학자들 대부분이 믿고 있는 바로는 40억 년 전에서 35억 년 전 사이에 최초의 얕은 바다가 생겨났다. 뜨겁게 녹아 있던 지각이 식어 새로 굳어져 나오는 과정에서 엄청난 양의 수증기가 뿜어져 나왔으며, 이것은 구름이 되었다가 다시 비로 내렸다. 이 비는 식어가고 있던 지표면에서 염류 및 다른 성분들을 모아서 지각의 얕은 구덩이로 흘러들어왔다. 바다가 만들어지려면 물이 액체로 안정되게 남을 수 있게 온도가 물의 끓는점인 100℃ 아래로 떨어져야 했다.

시간이 흐르면서 복잡한 지질학적 과정을 거쳐, 액체 상태로 녹아 있는 내부의

14쪽: 인도양 상공을 도는 인공위성에서 바라본 지구의 모습

맨틀 위로 차갑게 식어 딱딱해진 지각판이 만들어지고 대양 분지는 더 깊어졌다. 지각판들이 맨틀 위를 천천히 떠다니면서 가까워지고 멀어지기를 반복하다가 결국에는 현재의 모든 대륙이 하나로 합쳐진 지구 최초의 초대륙인 발배라Vaalbara가 만들어졌다. 이것은 36억 년 전에서 33억 년 전에 형성된 것으로 보이며, 거대한 바다로 둘러싸여 있었다. 이 초기의 초대륙이 분리되어 지각판이 계속 이동하자 바다의 모양도 그에 따라 바뀌었다. 오늘날 알려진 바와 같이 바다는 지구 표면의 약 71퍼센트 정도를 덮고 있고, 지구에서 생명체가 살 수 있는 공간 중 99퍼센트를 차지하며, 평균 수심은 대략 3.8킬로미터이다.

과학자들은 아직도 지구의 가장 놀라운 신비를 밝혀내기 위해 노력하는 중이다. '생명'이 최초로 등장한 것은 언제이며, 어떻게 생명이 등장하게 되었는가? 과학계는 오랫동안 생명 탄생의 시기와 원리에 대해서 논란을 벌였다. 과학자들 대부분은 최초의 생명은 바다에서 진화하였으며, 약 30억 년 전에 원시적인 단세포 생물의 형태로 나타났을 가능성이 큰 것으로 생각하고 있다. 그 후로 20억 년간은 이 원시적인 생물밖에 존재하지 않았다. 그러다가 다양한 다세포 생명체가 폭발적으로 생겨 바다를 채우기 시작했다. 그리고 일부 해양생물이 육지에서도 살 수 있게 되자 새롭고 점차 복잡한 형태의 생명이 지구 전체에 나타나기 시작했다.

지금 현재 바다에 살고 있는 미생물 중 다수가 초기 생명체의 모습을 비슷하게 유지하고 있을 것이며, 그 양은 헤아릴 수 없을 정도로 풍부하다. 개체조사팀 미생물학자인 매사추세츠 우즈홀 해양생물 연구소의 미치 소긴Mitch Sogin과 그의 팀은 바닷물 1리터에서 무려 2만 종의 미생물을 찾아냈다. 기존의 연구를 고려할 때 그들은 아마 1,000종에서 3,000종 정도를 발견하지 않을까 생각했었다. "실험실 현미경으로 바닷물 한 방울을 자세히 들여다보는 일은 마치 맑은 밤하늘의 별을 바라보는 것과 비슷합니다." 해양생물 개체조사 해양미생물 학자인 칠레 콘셉시온 대학Universidad de Concepción의 빅터 가야르도Victor Gallardo의 말이다. "허블 망원경 덕에 우주를 높은 해상도로 자세히 관찰할 수 있게 된 것처럼 새로운 DNA 태그 염기서열 분석DNA tag sequencing 기술의 발달 덕에 미생물의 종류도 더 자세히 분류할 수 있게 되었습니다. 예전에는 가려내지 못했던 해양미생물의 다양성을 이제는 볼 수 있게 되었죠. 이 희귀한 고대 생물을 연구하면 자연이 어떤 역사를 걸어왔고, 그 길에서 어떤 전략을 취했는지 그 핵심을 파고들 수 있을 것입니다."

이 생명 요람의 현재 평균 염분 함유량은 대략 바닷물 1,000 대 35 정도의 비율이다. 일부 과학자들은 주로 염화나트륨(소금) 같은 용해 염류의 형태로 바다에 녹아 있는 고체의 양이 5경(5,000조의 열 배) 톤에 이를 것이라고 평가한다. 만약 바다에 녹

16쪽: 해양생물 개체조사팀의 과학자들은 미생물에서 고래에 이르기까지, 수면에서 해저에 이르기까지, 남극에서 북극에 이르기까지 전 세계 바다의 모든 해양생물을 탐사하고 있다. 여기 보이는 생물은 호주 대보초 헤론Heron 섬 연안의 죽은 산호에서 채집한 산호게(white-topped coral crab)다.

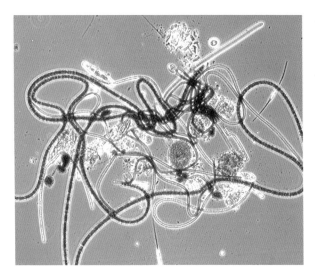

해양미생물은 가장 오래된 생명의 형태이다. 이 채집 표본에서 보이는 가장 짙은 색깔의 미생물은 대단히 흔한 필라멘트 형태를 띠고 있지만 아직 과학 문헌에서 확인되지 않은 종이다. 둥글고 큰 분홍색 생물은 자색 황세균류purple sulfur bacterium인 Chromatium의 세포이다. 녹색으로 보이는 것은 광합성을 할 수 있는 청록색 세균류의 일종인 시아노 박테리아cyanobacterium이다. 2시 방향에서 곡선 형태를 띠고 있는 것은 규조류Nitzschia다. 현미경으로만 볼 수 있는 작은 조류로 광합성을 할 수 있는 진핵생물이다. 진핵생물은 뚜렷이 구분되는 핵을 가지고 있는 단세포, 다세포 유기체를 말한다.

아 있는 염분을 모두 꺼내서 육지 표면에 골고루 뿌려놓으면, 150미터가 넘는 두꺼운 층이 생기는데, 이것은 40층 건물의 높이에 육박한다! 염분이 바다에 몰려 있는 이유는 태양열이 해표면에서 거의 순수하게 물만을 증발시켜 버려서 그 뒤에는 소금과 소금물만 남기 때문이다. 이 과정은 '물의 순환hydrologic cycle'이라고 불리는 지구와 대기 간에 끊임없이 이루어지는 물 교환의 일부이다.

바닷물의 염도는 다양하다. 염도는 얼음의 용해, 강물의 유입, 증발, 비, 눈, 바람, 파도, 바닷물을 수평적, 수직적으로 섞는 해류 등 다양한 요소의 영향을 받는다. 염도가 조금만 변해도 해양생물에게는 막대한 영향을 미친다. 어떤 생물은 넓은 범위의 염도에 견딜 수 있는 반면, 산호 등 일부 생물은 견딜 수 있는 염도의 범위가 대단히 좁다. 염도가 가장 높은 곳은 홍해와 페르시아 만이며, 이곳은 증발률이 대단히 높다. 주요 대양 중에서는 북대서양이 가장 염도가 높다. 북극해와 남극해에서는 염도가 낮게 나타나는데 이는 얼음이 녹고 강수량이 많아 바닷물이 희석되기 때문이다.

해양생물에 영향을 미치는 요소가 염도만 있는 것은 아니다. 다른 요소로는 수온, 가용 영양분, 해류, 바람, 폭풍, 얼음 등이 있다. 이런 바다에서 종들이 어떻게 살아남는지를 완전히 이해하려면 바다가 작동하는 방식을 반드시 이해할 필요가 있다. 해양의 다양한 변수들이 어떻게 서로 작용하는지에 대해서는 아직 해답을 얻지 못한 중요한 질문들이 남아 있다. 예를 들면, 바람이 해류에 어떻게 영향을 미치는지, 해류는 수온과 영양분의 흐름에 어떤 영향을 미치는지 그리고 영양분은 생산성에 어떤 영향을 미치는지 등이다. 현재 우리가 이해를 넓혀가다가 부딪힌 이 한계는 바다를 더 탐사해야만 극복할 수 있다. 해양생물 개체조사 같은 혁신적인 사업을 통해 전 세계 해양생물의 생물학을 연구하고, 해양의 물리적 특성들이 그곳에 살고 있는 생물들에게 어떤 영향을 미치는지를 조사함으로써 우리는 이해를 더욱 넓혀가게 될 것이다.

2010년에 최초의 해양생물 개체조사 결과를 내놓는 것을 목표로 2000년에 출범한 해양생물 개체조사팀은 82개국에서 2,000명의 탐사자들을 끌어 모아 세 가지 중요한 질문에 대답하려 노력하고 있다. 전 세계 바다에는 한때 무엇이 살았었나? 거기에 지금 살고 있는 것은 무엇인가? 미래에는 어떤 것이 살게 될까? 바다 밑에 무엇이 살고 있는지에 대해서는 거의 알려진 바가 없기 때문에 해양생물 개체조사 사업은 우주 탐사 사업과 많이 닮아 있다. 개체조사 사업도 본질적으로 많은 과제와 위험을 안고 있으며, 마찬가지로 미지의 세계를 탐사하는 흥분을 빚어낸다. 해

미크로네시아 팔라우에 있는 이 Stylaster 같은 레이스 산호는 염도 변화에 취약하다. 따라서 종이 확인되지 않은 2.5센티미터 정도의 이 작은 산호초 게처럼 산호에 의지하는 종도 함께 위험에 처해 있다.

저 11킬로미터까지 깊은 바다 밑을 탐사하려면 우주 탐사에 사용되는 것과 같은 최첨단 기술의 장비들이 필요하다. 하지만 우주 탐사 기술의 발전 속도와는 달리 가장 깊고, 어둡고, 차가운 바다에 살고 있는 생물들을 물고기들의 입장에서 관찰할 수 있을 만큼 해저 기술이 충분히 발달한 것은 최근의 일이다.

  해양생물 개체조사팀의 과학자들은 새로운 기술을 사용해서 예전에는 가볼 수 없었던 곳을 탐사하고, 장님 바다가재부터 산소 없이 사는 벌레에 이르기까지 보고도 믿기 힘든 형태의 심해 해저 생물들을 촬영하는 등 최첨단의 길을 걸어왔다.

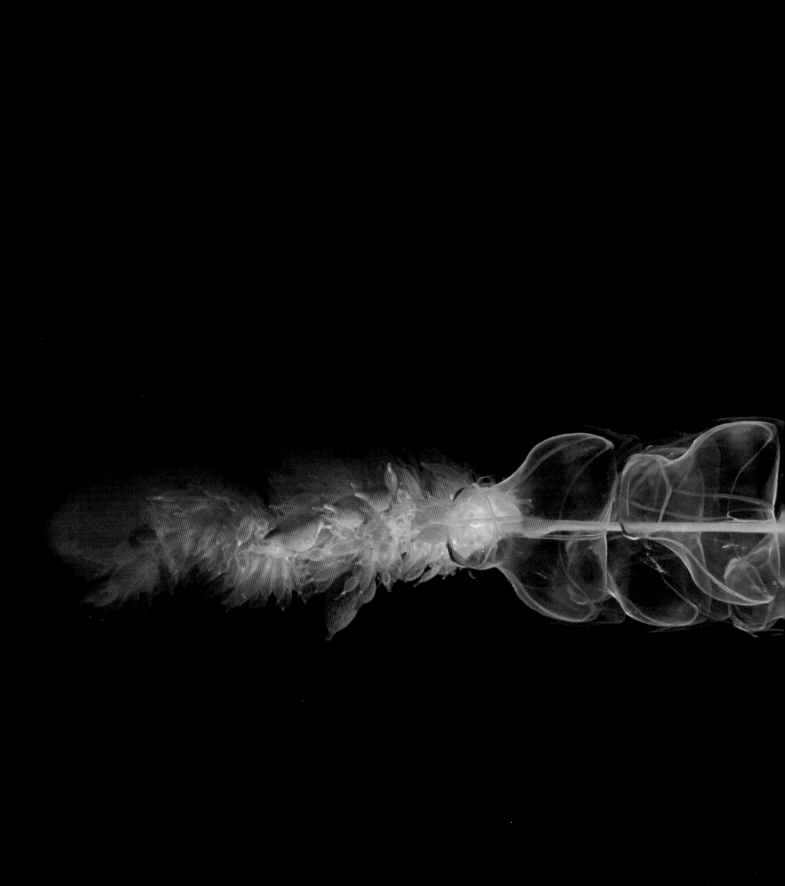

제1부

바다에는 무엇이 살고 있었나

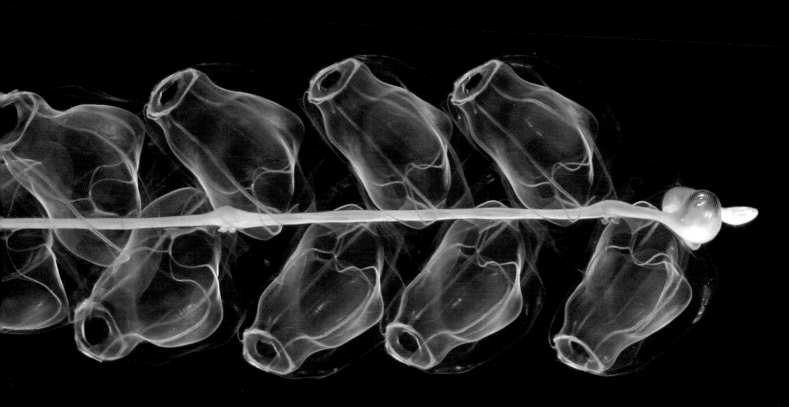

위: 해양생물 개체조사팀의 과학자들은 남들이 보지 못한 바다 속 놀라운 세계와 아름다움을 만나는 경우가 많다.

하와이 산호초에서 헤엄치고 있는 청줄통돔common bluestripe snapper, Lutjanus kasmira과 숄더바 솔저피시shoulderbar sold-

ierfish, Myripristis kuntee 무리

20~21쪽: Marrus orthocanna라는 관해파리. 미국 국립해양기상청NOAA, National Oceanic and Atmospheric Administration이

해양생물 개체조사를 후원하기 위해 실시한 북극의 '숨겨진 바다' 탐사에서 촬영된 사진

제1장

알고 있는 세계, 알지 못하는 세계,
알 수 없는 세계

바다에 무엇이 살고 있는지 알아낼 수는 없을까? 인류는 먼 옛날부터 이런 거대
하고 낭만적인 꿈을 꾸었다. 지금 와서 달라진 것이 있다면, 일이 급해졌다는 점,
꿈을 이룰 능력이 된다는 점, 그리고 노력하는 사람이 점점 많아진다는 점이다.
— 제시 오스벨Jesse H. Ausubel, 알프레드 P. 슬론 재단 사업국장

2010년에 세계 최고의 해양 어류학자 20명 정도가 캘리포니아, 라호야에 있는 스크
립스 해양연구소Scripps Institution of Oceanography 탁자에 빙 둘러 앉아 회의를 했다. 이들
의 임무는 해양 어류의 다양성에 대해서 무엇을 알고 무엇을 모르는지 평가하는 일
이었다. 회의를 시작하고 오래지 않아서 그들은 모르는 것이 무엇인지 판단하려면
좀 더 많은 조사가 필요하다는 결론에 도달했다. 사실, 바다에 대체 무엇이 살고 있는
지에 대해서는 아는 것이 너무 없는 터라 과학자들은 해양 밑바닥보다는 다른 행성의
표면에 대해 아는 것이 더 많을 거라고 종종 우스갯소리를 던지기도 한다.
　이 20명의 남녀 과학자들은 알려진 종을 연구하는 데 맞추어져 있던 연구 초점
을 알려지지 않은 종을 찾아내는 쪽으로 옮기기로 결정하고, 가능하다면 해수면 아
래 살고 있는 것들 중 우리가 결코 알아내지 못할 것은 무엇인지 밝히는 일에도 착
수하기로 했다. 그들은 앞으로 전 세계 해양생물에 나타나는 변화를 측정하는 기준
선이 될 기초 지식 마련을 위해 기반을 다지기 시작했다. 해저 퇴적물에 사는 것들
을 포함해서 해수면부터 바다 밑바닥까지 살고 있는 해양생물 종을 전체적으로 조
사하는 작업은 지금까지 한 번도 시도한 적이 없다. 그날 회의실에 있었던 많은 과
학자들은 이 연구 초점의 변화를 통해서 다윈이나 린네, 심지어는 용감한 쿡 선장
(인류 역사상 가장 뛰어난 항해가이자 탐험가의 한 사람으로 칭송받고 있다. 옮긴이)에 버금가는 흥미진

이 놀라울 정도로 화려한 다모류는 Loima 미식별 종으로 호주 퀸즐랜드 리자드 섬 연안의 바다에 산다.

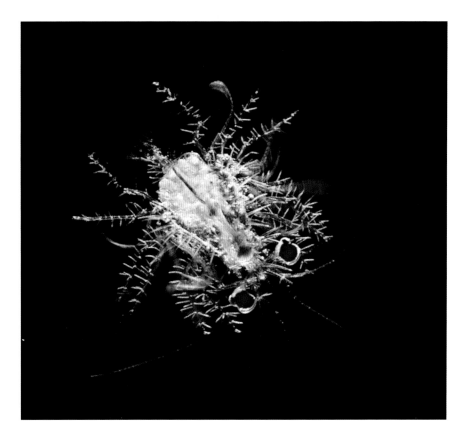

이 조그만 게 유생spiny decapod megalops의 돌기는 보기에는 아름답지만 자기를 보호하고 위장하는 중요한 역할을 한다.

진한 발견의 신시대로 들어가는 기회가 열릴 것이라고 생각했다.

　20명으로 구성된 초기 라호야 그룹에는 운 좋게도 해양 어류 개체조사라는 개념을 이미 접해봤고 후원자로 나설 가능성도 있는 사람이 하나 있었다. 한 1년쯤 전에 뉴저지 주립대학교 해양 및 연안 과학 연구소 소장인 J. 프레더릭 그래슬J. Frederick Grassle은 매사추세츠 우즈홀 해양생물 연구소에 있는 자신의 여름 사무실에서 알프레드 P. 슬론 재단 사업국장인 제시 오스벨과 접촉했었다. 그래슬은 알려지지 않은 수많은 해양생물에 대해 연구해야 할 필요성에 대해 역설했고, 그것은 효과가 있었다. 원래 한 시간으로 예정했던 회의는 오후를 다 잡아먹었고, 거기서 해양생물 개체조사이 씨앗이 뿌려졌다.

　스크립스 회의가 있고 난 후에는 개체조사의 필요성이 더욱 커졌고, 오스벨이 그 중책을 맡았다. 그는 슬론 재단 이사회에 해양생물 개체조사라는 발상을 지원해줄 것을 설득하면서, 이것이 가슴 떨리는 발견의 기회가 될 것이고, 다양한 해양생물이 어떻게 분포하고 있는지에 대한 중요한 기초 정보를 제공할 것이며, 풍부했던 많은 종의 개체 수 변화로 인해 어장 및 해양자원 관리를 개선할 필요성이 절박해지는 상황에서 이 개체조사가 도움이 될 것이라고 강조했다. 이사회는 확신을 가지게 되었다.

슬론 재단의 후원을 등에 업고, 말 그대로 전 세계의 과학자들을 초청해서 전 세계 해양생물 개체조사라는 막중한 과업을 어떻게 진행할지 논의했다. 애초에 시작할 때부터 이 사업이 막대한 자원과 자금, 그리고 지식인들의 참여가 필요할 뿐 아니라 이 사업에 동참하기로 결정한 참여자들의 비전과 협동이 필요한 대규모 사업이 되리라는 것은 분명했다. 이 아이디어는 전 세계 수많은 해양과학자들의 상상력에 불을 지폈다.

알지 못하는 거대한 세계

21세기가 문을 연 지금까지도 전 세계 대양과 바다 중 95퍼센트는 우리가 아직 탐사하지 못한 곳이다(혹자는 이 값을 98퍼센트까지 높이 보기도 한다). 그 이유를 단순하게 바라보면 바다가 너무 거대하기 때문이기도 하다. 바다는 지구 표면의 71퍼센트, 3억 6,100만 평방킬로미터를 덮고 있다. 그리고 바다에는 겉으로 드러난 것 이상의 세계가 있다. 수면 밑에서는 엄청난 이야기가 펼쳐지고 있다. 전 세계 바다의 부피는 13억 7,000만 입방킬로미터이고, 평균 수심은 3.8킬로미터이다. 가장 깊은 해구는 깊이가 해수면 기준으로 10.5킬로미터이다. 바다의 넓이나 부피는 그렇다 치더라도 탐사를 힘들게 하는 또 다른 장애물들이 존재한다. 어둠과 수압은 바다 깊은 곳으로 모험을 떠나려는 사람들에게 더 큰 과제와 위험을 던져주고 만만치 않은 비용이 들게 한다. 수압이 엄청나고 칠흑처럼 어두운 해양의 극단을 탐사하는 데 따르는 물리적 과제를 성공적으로 해결할 만큼 과학 기술이 발전한 것은 최근의 일이다.

전 세계 해양 조사를 더 어렵게 하는 것은 모든 바다가 사실상 하나의 거대한 물 덩어리라는 점이다. 오대양, 즉 태평양, 대서양, 남극해, 인도양, 북극해를 구성하는 각각의 대양들은 해양 순환계의 주요 표층해류와 심층해류로 서로 연결되어 하나의 덩어리를 이루고 있다. 모든 해양생물들은 이 시스템으로 연결되어 있기 때문에 해양생물계의 생물 다양성을 이해하려면 이것을 잘 이해하고 있어야 한다(31쪽의 '전 세계 해양 컨베이어 벨트' 참조).

아무리 애써본다 한들 전 세계 해양생물 종의 숫자를 정확히 추정하기는 어렵고, 추정치도 대략 100만 종에서 1,000만 종 사이로 크게 차이가 난다. 조사 범위를 어류로 한정한다 하더라도 해양생물 종의 숫자를 정확하게 판단할 수는 없다. 지금까지 15,000종 정도의 해양 어류를 확인했고, 어류학자들은 아직 발견하지 못한 종이 대략 5,000종 정도가 되지 않을까 어림잡고 있다. 조사하려는 생물의 크기가 작아질수록 생물 종 숫자를 측정하는 일은 그만큼 불확실성이 커진다. 일례로, 전 세계

26쪽: 눈이 파란 이 화려한 소라게Paragiopagurus diogenes는 새로운 발견으로 오히려 더 많은 궁금증이 생기게 된 예 중 하나였다. 북서부 하와이 군도의 프렌치 프리깃 모래톱French Frigate Shoals에서 채집한 이 게의 집게발에 있는 밝은 황금색은 예전에는 관찰된 적이 없는 것이다. 과학자들은 이것이 일종의 소통방식일 것이라 믿고 있다. 소라 껍데기에 붙어사는 이 소라게는 또한 자기만의 고유한 말미잘을 붙이고 다니는데(아래쪽에 보물처럼 붙어 있는 갈색 부분), 이 말미잘은 다른 종류의 소라게에는 붙지 않는 것으로 알려져 있다.

해양에 살고 있는 미생물 종 중에서 밝혀진 것은 1퍼센트 미만이다. 또한 특정 해양 서식지에 사는 생물들에 대해서는 모르는 부분이 상당히 많고, 심지어는 서식지 자체에 대해서는 잘 알려져 있는데도 그런 경우들이 있다. 산호초를 예로 들어보면, 과학자들은 산호초 생물 중에서 지금까지 밝혀낸 종은 10퍼센트에도 미치지 못한 것으로 추산하고 있다. 산호 탈색현상과 산호 서식지를 위협하는 다른 요소들 때문에 어떤 종은 발견하기도 전에 사라질지도 모른다.

바다에 무엇이, 어디에, 얼마나 많이 살고 있는지 모르기 때문에 어장 및 다른 해양자원 관리에 큰 어려움이 있다. 참치, 연어, 가리비, 몇몇 고래 등 일부 종에 대한 정보는 대부분 알려져 있지만, 지금까지 알려진 어류나 조개류 중에서 그 생태나 개체 수 동향에 대한 정보가 밝혀진 것은 상업적으로 중요한 200여 종 정도에 국한되어 있다. 개체 수 추정치는 대부분 어획량 통계를 바탕으로 나온 것이며, 어획량 통계도 조업회사가 자체적으로 보고한 것이 대부분이다. 따라서 해양생물 종의 숫자가 우리가 예측했던 1,000만 종이 아니라 100만 종에 가깝다 할지라도 겨우 200종에 대한 생물 다양성diversity(종의 숫자), 분포distribution(어디에 사는지), 개체 수 abundance(얼마나 많이 사는지)를 아는 것은 과학적으로 보나 자원 관리의 측면에서 보나 만족스럽지 못하다.

해양생물 개체조사

전 세계 해양생물 개체조사라는 발상이 처음 나오고 3년 후에 15개 국가, 60개 기관의 연구자 60명이 해양생물의 다양성 및 분포, 그리고 개체 수를 평가하고 설명하기 위해 첫발을 내딛고 있는 이 해양생물 개체조사 사업에 합류했다. 이들의 목표는 무척이나 커서 미생물에서 고래까지, 해수면에서 바다 밑바닥까지 그리고 남극에서 북극까지 전 세계 바다에 살고 있는 모든 생물을 다 조사하겠다는 야무진 목표도 들어 있었다. 궁극적인 목표는 해양동물의 개체 수가 어떻게 변해왔고, 또 앞으로 어떻게 변해갈 것인지를 알아내려는 것이었다(2008년에는 참가 과학자가 81개국, 2,000명으로 늘었고 이 사업에 대한 재정지원 약정액수도 5억 달러를 넘어섰다).

개체조사를 통해 각각의 항목에서 얻어내려는 성과가 무엇인지를 이해하면 이들이 어떤 맥락에서 이런 광범위한 목표를 세우게 되었는지를 이해하는 데 도움이 될 것이다.

다양성: 개체조사팀은 전 세계 해양에 있는 모든 형태의 생물에 대해 최초의 완전한 목록을 작성하는 것을 목표로 삼고 있다. 이런 일은 지금까지 시도된 바가 없다.

다양성을 조사하는 두 번째 목표는 우리가 모르는 채로, 즉 아직 발견하지 못한 채로 남아 있게 될 생물 종이 얼마나 많을지를 평가하는 것이다.

분포: 개체조사팀은 해양동물들이 지금까지 관찰된 곳은 어디인지, 그리고 그들이 살아갈 수 있는 서식 범위와 영역은 어떻게 되는지를 보여주는 지도를 작성하려 한다. 후자는 기후 변화가 계속될 때 동물들이 살 수 있는 곳이 어디일지 추측하는 데 요긴할 수 있어 특히나 중요하다.

개체 수: 개체조사의 목표는 다양한 해양생물들의 개체 수를 숫자나 무게biomass(생물량)로 평가하는 것이다.

해양생물의 다양성, 분포, 개체 수를 평가하기 위해 해양생물 개체조사는 다음의 세 가지 질문을 중심으로 연구 진행의 틀을 잡았다. '전 세계 바다에는 무엇이 살았었나?', '전 세계 바다에는 지금 무엇이 살고 있나?', '전 세계 바다에는 앞으로 어떤 것이 살게 될까?'

이 심해 해파리의 사진은 2005년 캐나다 해저분지의 깊은 바다 속에서 해양생물 개체조사 탐사를 하던 도중 찍은 것이다.

차갑고 염도와 밀도가 높은 바닷물(파란 셀)이 북극 지역에서 가라앉아 대서양 서부를 따라 남하한다.

이 해류는 남극대륙 주변을 지나는 동안 밀도와 염도가 더 높고 더 차가운 물을 끌어들여 '재충전'된다.

전 세계 해양 컨베이어 벨트

> 바다는 사실상 태평양, 대서양, 남극해, 인도양, 북극해의 다섯 대양과 그보다 작은 몇몇 바다로 구성된 하나의 거대한
> 물 덩어리다. 이들 바다는 대륙으로 나누어진 것을 제외하면 그 사이에 실질적인 경계는 없다. 물은 어디서나 서로 뒤
> 섞이며, 바다의 이름은 지리적 편의를 위해 붙여놓은 것에 불과하다.
>
> — 앨런 빌리어즈Alan Villiers, 『세계의 바다Ocean of the World(1963)』

전 세계 해양은 말 그대로 태평양, 대서양, 남극해, 인도양, 북극해의 다섯 대양과 몇몇 작은 바다로 구성된 하나의 거대한 물 덩어리다. 모든 대양과 바다들은 서로 연결되어 있으며 지구 표면의 대략 71퍼센트를 덮고 있다.

전 세계 바닷물이 복잡하게 순환하는 이유는 바람이 표층해류를 움직이고 극지방에서 물이 차가워져 가라앉으면서 심층해류를 만들기 때문이다. 따뜻한 표층해류에 실려 북대서양으로 온 물은 결국 차가워져 가라앉는다. 이 물은 다시 심층해류에 붙잡혀 거대한 전 세계 해양 '컨베이어 벨트'를 타고 수천 킬로미터를 움직인다. 결국 이 물은 수면으로 떠올라 다시 북대서양으로 돌아올 것이다. 이 여행을 마무리하는 데는 대략 1,000년의 세월이 걸린다.

바람은 해수면에서 수심 100미터까지의 물을 움직여 표층해류를 만들어내지만 수심 수천 미터 아래에도 역시 해류가 흐르고 있다. 이 심층해류를 움직이는 힘은 물의 밀도 차이이다. 밀도의 차이가 생기는 이유는 열염순환 thermohaline circulation이라 불리는 과정을 통해서 온도와 염도가 영향을 미치기 때문이다.

전 세계 해양 순환 시스템에는 다양한 많은 물리적 요소들이 힘을 보태고 있다. 표층순환은 따뜻한 열대 해수면의 물을 극지방으로 실어 나른다. 그 과정에서 이 물에서 빠져나온 열이 대기에 흡수된다. 표층 바닷물은 겨울 동안 극지방에 접근하면서 좀 더 냉각되어 가라앉아 심층해류와 합류하게 되는데, 특히 북대서양과 남극대륙에서

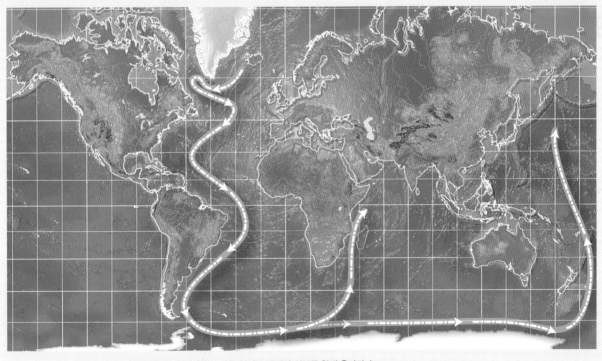

해류는 두 줄기로 갈라져 하나는 인도양을 향해 북진하고, 다른 하나는 태평양 서부를 향해 올라간다.

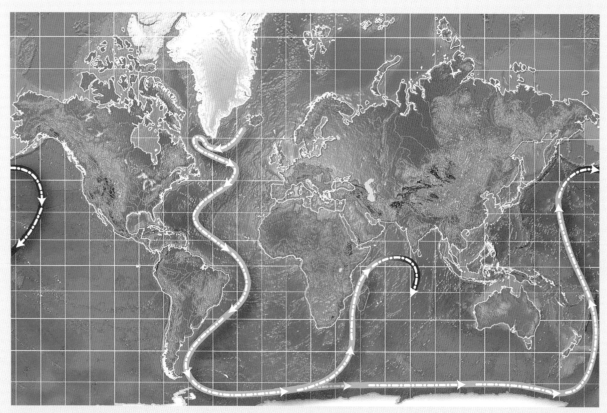

두 갈래로 나누어진 물줄기는 북쪽으로 향하는 동안 점차 따뜻해지면서 수면 쪽으로 올라오다가 남서쪽으로 머리를 돌린다.

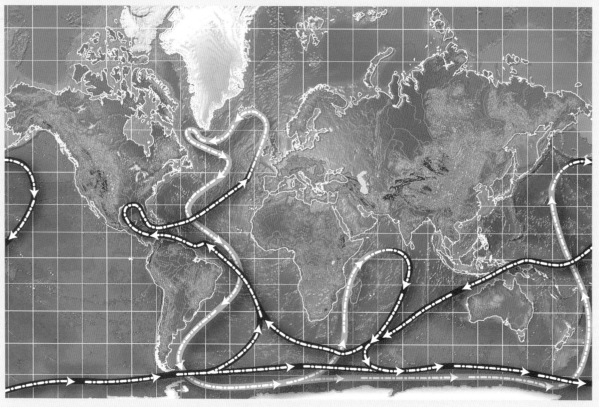

이제 따뜻해져 표층으로 올라온 바닷물은 전 세계를 돌며 계속 순환하다가 결국 북대서양으로 돌아와 다시 순환을 시작한다.

이런 일이 활발하게 일어난다.

차가운 심층해류는 적도를 향해 움직이는 동안 점차 따뜻해지고 밀도가 낮아지다가 결국 다시 해수면으로 떠오른다. 일단 여기에 도착하고 나면 표층해류에 실려 다시 극지방으로 움직이고, 거기서 순환주기가 다시 반복된다. 이 순환주기의 속도에 따라서 열이 얼마나 오랫동안 따뜻한 해양에서 대기 중으로 이동할지가 결정된다. 해양 컨베이어 벨트의 속도가 느려지면 해양과 대기 간에 교환되는 열의 양이 많아지기 때문에 지구의 기후를 더 따뜻하게 만드는 역할을 한다.

극지방에서는 바닷물이 얼어붙는다. 바닷물이 얼 때 소금은 그대로 바닷물 속에 남기 때문에 그 주변 바닷물은 염도가 더 높아진다. 염도가 높아지면, 밀도도 그에 따라 증가해서 물은 가라앉기 시작한다. 가라앉은 바닷물 자리를 메우기 위해 표층 바닷물이 흘러 들어오고, 결국 그 물도 나중에는 마찬가지로 차가워지고 염도가 증가하여 가라앉는다. 이런 과정을 통해서 전 세계 해양 컨베이어 벨트를 움직이는 심층해류가 시작된다.

이 심층 바닷물은 대륙 사이에서 남쪽으로 진행해 적도를 지나 아프리카와 남미 대륙 최남단까지 간다. 해류가 남극대륙 주변을 지나가는 동안 바닷물은 북대서양에서와 마찬가지로 다시금 식어서 가라앉는다. 이렇게 해서 컨베이어 벨트는 '재충전' 된다.

해류가 남극대륙 주변을 움직이는 동안 '컨베이어 벨트'에서 물줄기가 두 개 뻗어 나와 북쪽으로 향한다. 한 줄기는 인도양 쪽으로 흘러 들어가고, 다른 한 줄기는 태평양으로 흘러 들어간다. 이 두 물줄기는 적도를 향해 북쪽

으로 움직이는 동안 따뜻해지면서 점차 밀도가 감소해서 결국 수면 쪽으로 올라온다. 그리고 나서는 남서쪽으로 방향을 틀어 남대서양 쪽을 향하고, 결국 북대서양으로 되돌아와 순환주기를 다시 시작한다.

전 세계 해양 컨베이어 벨트는 해양의 영양분 및 이산화탄소 순환에서 핵심적인 부분이다. 따뜻한 표층 바닷물은 점차로 영양분과 이산화탄소가 소진되지만, 컨베이어 벨트를 통해 움직이는 과정에서 다시 그런 성분들을 풍부하게 공급받는다. 이렇게 해서 찬 바닷물이 풍부한 영양분을 안고 수면으로 분출해 나와(용승) 조류와 해초의 성장을 돕기 때문에 전 세계의 먹이사슬이 유지될 수 있다.

해양 순환의 변화로 기후 패턴이 영향을 받기도 한다. 그중 중요한 한 가지 변화는 태평양 적도 동부에서 일어나는 변화이다. 여기서 강력한 엘니뇨 현상이 일어나면 해양생물에게 극적인 영향을 미칠 수 있다. 엘니뇨 현상은 동에서 서로 흘러 나와야 할 적도해류를 따뜻한 바닷물이 모자처럼 막아서서 페루 연안에서 차고 영양이 풍부한 바닷물이 용승하는 것을 가로막을 때 일어난다. 이렇게 용승이 가로막히면 먹이사슬에도 큰 영향을 미친다. 많은 물고기들이 사라져 물새들과 해양포유동물의 먹이가 사라지고 만다. 이것은 해양 순환계와 해양동물군의 건강이 전 세계 해양을 통해서 서로 연결되어 있음을 보여주는 한 가지 예일 뿐이다.

연구에 따르면 컨베이어 벨트가 기후 변화의 영향을 받을 수도 있다고 한다. 지구 온난화로 북대서양 지역에 강수량이 증가하면 빙하와 해빙이 녹으면서, 그와 동시에 따뜻한 민물이 해수면에 유입되어 해빙의 형성을 막기 때문에, 차고 염도가 높은 바닷물이 가라앉는 속도가 늦춰질 수 있다. 이것은 기후 변화를 더욱 촉진한다.

바다에는 무엇이 살았었나?

해양생물 개체조사를 완성하기 위한 첫 단계는 과거를 되돌아보는 것이다. 개체조사에 참여하고 있는 과학자들은 인류의 포식활동이 중요한 영향을 미치기 시작한 대략 500년 전부터 지금까지 해양동물의 개체 수가 변해 온 역사를 정립하는 과제를 안고 있다. 수산학자 및 역사학자, 경제학자 등으로 구성된 팀은 오래된 수도원 기록, 항해일지, 식당 메뉴 등 먼지 쌓인 낡은 기록 등을 꼼꼼히 살펴보면서 가려져 있던 숨은 자료들을 찾아내려 노력했다. 그들은 남아프리카, 호주 그리고 그 외로 전 세계 열두 지역을 선정해서 특정한 생물 종에 대한 사례 연구에 들어갔다. 그 취지는 이 자료들을 모두 함께 모으면 '어업이 이루어지기 전'에 생물들이 해양에 어떻게 분포하고 있었는지를 보여주는 믿을 만한 그림을 그릴 수 있으리라는 것이었다. 해양생물의 개체 수가 오랜 기간에 걸쳐 어떻게 변해 왔는지를 보여주는 기록이 있다면 환경 내의 자연적인 변동에 따르는 변화와 인간의 활동으로 생긴 변화를 구분하는 데 도움을 줄 것이다. 이런 부분들을 이해하고 나면 장래에 해양생물 종 보호의 목표를 설정하는 데 결정적인 역할을 할 수도 있다.

바다에는 무엇이 살고 있나?

전 세계 바다에 무엇이 살고 있는지 밝혀내는 일은 대단히 복잡한 과업이다. 이를 위해서 개체조사팀은 열네 개 분야의 현장조사 사업을 설정했다. 열한 개 현장조사 사업은 얼음 바다, 해저 밑바닥 등 주요 서식처를 대상으로 진행하고, 나머지 세 개는 생물 종 그룹에 대해서 전 세계적인 범위로 조사를 진행하는 것이다. 미생물에서 고래에 이르기까지 모든 생물을 조사 대상에 포함시켰다.

과거 바다에는 무엇이 살았었나? 이 사진에 나온 수백 마리의 참치들은 1946년 덴마크 스카겐Skagen의 어류 경매장에 나온 것들이다. 이 시기는 해양 개체 조사팀 연구자들이 보고한 1960년대 참치 개체 수 붕괴가 일어나기 훨씬 전이었다.

이렇게 전 세계를 대상으로 서식지와 종을 연구하기 위해서 몇몇 기술을 도입했는데, 거기에는 음향학(소리), 광학(사진기), 꼬리표 부착 기술, 유전학 등 가능한 모든 학문 기술이 포함되었고, 표본 채집 기술의 도움을 받았다. 연구자들은 다양한 기술을 이용해 동물의 관점에서 바다를 바라보고 경험할 수 있었으며, 각각의 기술을 통해 그 경험을 서로 다른 관점에서 해석할 수 있었다.

음향을 이용해서 연구자들은 해양을 광범위하게 조사할 수 있었다. 조명은 어둠 속에서 자칫 놓칠 수도 있었던 세부적인 사항들을 확인해 주었다. 수심과 수압 그리고 그 밖의 다른 원인 때문에 살아 있는 표본을 확보하지 못한 경우에는 사진과 비디오를 통해 정보를 얻었다. 온전한 표본을 구하지 못하는 경우나 형태 비교만으로는 종 구분이 어려운 경우에는 유전학의 도움을 받아 식별 내용을 확인했다. 표본 채집이 가능해진 덕분에 과학자들은 실제 표본을 연구해서 종을 식별하고, 특정 동물을 살아갈 수 있게 해주는 특징은 무엇인지를 알 수 있었다. 이런 기술들은 모두 한데 모여서 바다를 동물들의 관점에서 바라보고 더욱 잘 이해할 수 있게 도와주는 도구상자 역할을 해주었다.

일단 전 세계 바다를 어떻게 연구할지 틀을 잡고난 후에, 개체조사팀 과학자들은 또 하나의 커다란 과제 해결에 착수했다. 서로 다른 시간대, 다른 대륙, 다른 문화에서 일하고 있는 사람들이 어떻게 함께 힘을 합쳐 일할지 아이디어를 짜내는 일

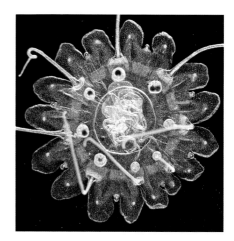

고배율 망원경과 디지털 카메라의 발전 덕분에 개체조사팀 과학자들은 한때는 관찰이 거의 불가능하다시피 했던 것들도 볼 수 있게 되었다. 위 사진은 동물성 플랑크톤이다.

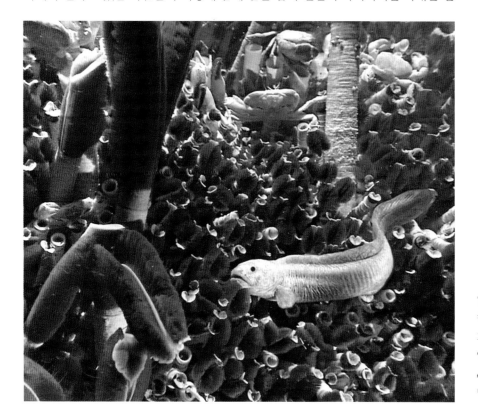

열수공은 해저 지각에 생긴 균열을 통해서 뜨겁고 화학 성분이 풍부한 물이 배출되는 곳으로, 태양 에너지가 아닌 화학 에너지를 바탕으로 살아가는 다양한 해양생물들이 여기에 의존해서 살아간다. 등가시치 eelpout, Zoarcid fish가 동태평양 해령 열수공에 사는 관벌레Rifitia pachyptila 무리 위를 헤엄치고 있다.

탐사가 거의 이루어지지 않은 북극 캐나다 해저분지 심해에서 채집한 수백 가지 동물 중에는 종을 아직 확인하지 못한 이 말미잘도 들어 있었다. 이 말미잘은 원격조정 장치를 이용해 2,000미터가 넘는 수심에서 채집한 것으로 높이는 5센티미터 정도, 직경은 3센티미터 정도이다.

이었다. 이것은 그 자체로 인간을 대상으로 하는 하나의 실험이었으며 그 성과는 실로 놀라웠다. 개체조사팀의 공동 언어로는 영어를 채택하였다. 인터넷, 영상 회의, 이메일이 가장 중요한 통신 수단이 되었다. 각각의 탐험대는 세계 각국에서 모인 과학자들이 자기의 지식과 경험, 생활공간 그리고 문화적 특성 등을 함께 나누는, 바다 위에 떠 있는 유엔이나 마찬가지였다. 국제적인 통신 시스템이 사실상 거의 완벽해졌기 때문에 탐험대가 뭍에서 멀리 떨어진 바다 한가운데 있을 때에도 위성 통신을 통해 개체조사팀 과학자들은 다른 과학자들뿐만 아니라 다른 과학계나 일반 대중들과도 온라인을 통해 자료를 공유할 수 있었다.

개체조사팀이 국제적으로 조직되다 보니 팀 구성이 흥미롭게 이루어지는 경우

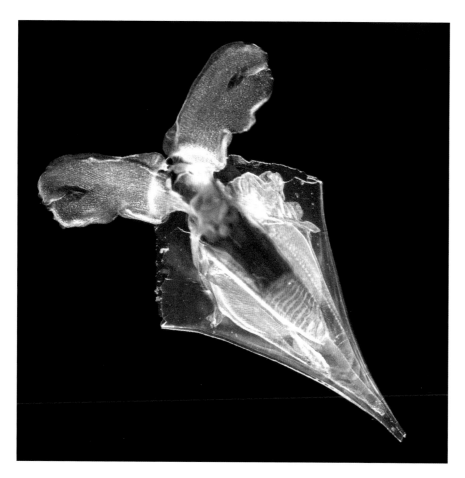

이 동물성 플랑크톤(익족류, Clio pyramidata, pteropod, swimming snail)은 해양동물 중 최초로 유전자 서열이 분석된 그룹에 속한다. 이 유전자 서열 분석 작업은 국제 개체조사 과학자팀에 의해 대서양 한복판에서 이루어졌다.

도 종종 생겼다. 일례로, 2006년에 10주 동안 실시한 탐험에서 14개국에서 모인 52명의 해양 탐험가들은 독일의 연구조사용 쇄빙선 폴라슈테른 호를 타고 남극 해저 중 1만 평방킬로미터 영역에 대한 최초의 종합적인 생물학적 조사를 마쳤다. 여기서 모인 자료는 호주 태즈메이니아의 호주 남극 연구소Australian Antarctic Division로 보내졌고, 커뮤니케이션 조정은 독일 브레머하펜의 알프레드 베게너 극지 해양 연구소Alfred Wegener Institute for Polar and Marine Research가 맡았다.

14개국에서 모인 스물여덟 명의 개체조사 전문가로 구성된 다른 한 팀은 탐사가 거의 이루어지지 않았던, 미국 남동부 연안에서 대서양 중앙해령 사이에 있는 열대 바다의 심해를 샅샅이 조사해서 다양하고 풍부한 동물성 플랑크톤의 목록을 작성하고 사진을 촬영했다. 조사 과정에서 얻은 수천 개의 표본 중 일부를 바다에서 직접 DNA 염기서열을 분석해서 새로운 종을 몇 개 밝혀내기도 했다. 특정 생물 그룹 내의 종 구분법을 배우는 데만 수십 년을 바치며 잔뼈가 굵은 각각의 팀원들은 표본들을 자세히 관찰하고 분류했다. 코네티컷 대학교 박사 후 과정 연구자이자 탐사선 내 'DNA팀' 리더인 롭 제닝스Rob Jennings의 말에 따르면, 이 조사팀은 국제적인 조립 라인이 돌아가는 것처럼 워낙 효율적으로 움직여서, 만약 헨리 포드 Henry Ford가 이것을 봤다면 무척 뿌듯했을 거라고 한다.

바다에는 무엇이 살게 될까?

바다에 앞으로 무엇이 살게 될 것인가라는 질문은 더욱 광범위하고 더 복잡한 질문이다. 이 질문에 어떤 해답을 내놓게 될지는 과거와 현재를 조사해서 무엇을 찾아냈는가에 달려 있고, 해답을 얻으려면 미래를 예측하게 도와줄 정교한 모델링 기술과 시뮬레이션 기술이 필요할 것이다. 미래의 해양생물 개체 수를 예측하기 위해 진행한 개체조사 사업을 통해서 새로운 통계 분석 도구가 탄생했으며, 그것을 이용하여 지구 곳곳의 다양한 출처에서 얻은 자료들을 통합할 수 있게 되었다. 지금까지 얻어낸 결론은 무척 심각하다.

한 연구에서는 지금 상태로 계속 간다면 2050년에는 전 세계적으로 상업적 어업이 끝장을 보게 되리라고 예상했다. 또 다른 보고에 따르면, 남획으로 말미암아 원양의 주요 육식어종 다양성이 불과 50년 만에 50퍼센트가량 감소했다고 한다. 다른 보고에서는 대형 육식동물의 개체 수 변화가 먹이망의 토대를 형성하는 더 작은 생물 종의 개체 수에 어떤 변화를 야기하는지를 다루고 있다. 이런저런 연구들이 모두 한결같이 강조하고 있는 바는 어장을 더 효율적으로 관리하고, 생물 종의 다양성을 유지하고, 소실된 해양생물 서식처를 복원하고, 전 세계 바다의 오염으로 인한 영향을 줄이고, 상황을 정확히 파악해서 현명하게 전 세계적 기후 변화에 대처하기 위해서는 과학적인 근거를 가진 정보를 확보해야 한다는 점이다.

애초에 조사 사업을 시작할 때부터 해양생물 개체조사팀의 창립자들은 연구에서 배운 내용들을 많은 사람들과 함께 나누고 싶어 했다. 그들은 모든 개체조사 자료를 저장하는 보관소로 사용할 양방향 웹사이트를 개설해서, 자료를 얻는 대로 그 내용을 대중에게 공표하기로 결정했다. OBISOcean Biogeographic Information System(해양생물 지리 정보 시스템)라고 불리는 인터넷 데이터베이스에는 해양생물에 대한 기록이 1,600만 건 넘게 담겨 있고, 하루가 다르게 그 양이 늘어나고 있다. 첫 번째 해양생물 개체조사가 마무리되는 시점에 가서는 2,000만 건 이상의 기록이 OBIS에 축적될 것으로 예상하고 있다.

1997년에 처음 해양생물 개체조사의 아이디어가 제출된 이후로 분명 많은 성과가 있었으며, 밝혀야 할 부분도 아직 많이 남아 있다. 아마도 가장 신나는 일은 바다 밑에 사는 생물들에 대해 좀 더 알아내자는 아이디어가 세계 곳곳의 과학자들과

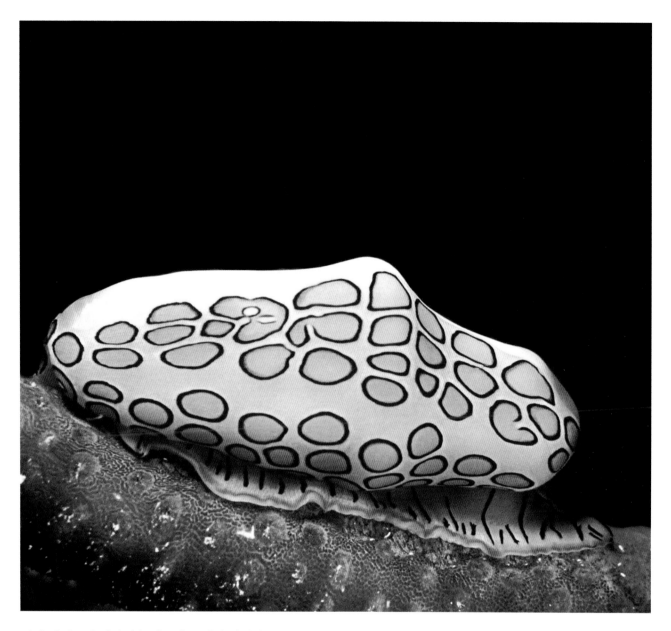

일반 시민들의 상상력을 사로잡은 점일 것이다. 과학자와 행정가, 후원자들이 새로운 생물의 발견과 해양생물의 미래 예측에 기여할 수 있다는 기내삼을 갖게 된 덕분에 이런 예사롭지 않은 국제적 협동이 가능했다. 개체조사팀의 과학자들은 전 세계 바다생물에 대해서 우리가 무엇을 알고, 무엇을 모르며, 또 알 수 없는 것은 무엇인지 밝혀보겠다는 비전을 품고 있다. 수없이 많은 새로운 발견이 우리 앞에 기다리고 있다.

이 홍학혀고둥Cyphoma gibbosum, flamingo tongue snail 시긴은 영국령 서인도 제도의 그랜드케이맨 섬 근처에서 촬영한 것이다. 이것은 멕시코 만 생물다양성 목록에 포함되어 있다.

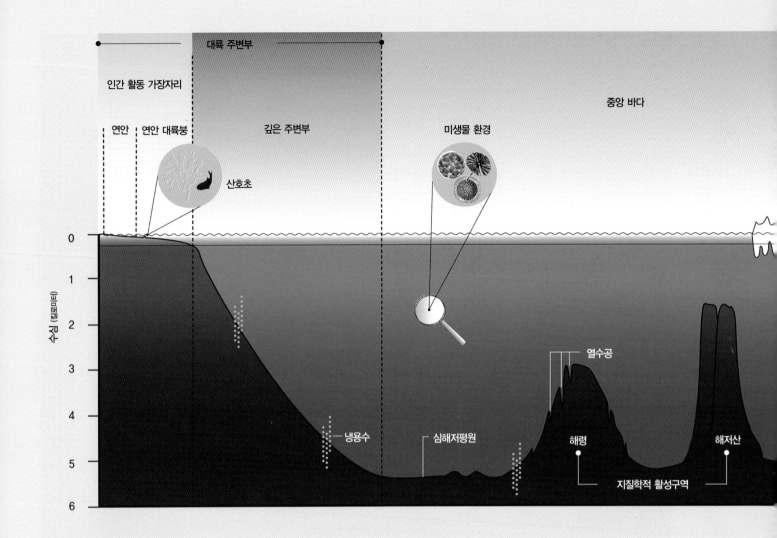

인간 활동 가장자리

대륙 주변부

중앙 바다

연안   연안 대륙붕   깊은 주변부   미생물 환경

산호초

수심 (킬로미터)

0

1

2

3

4

5

6

열수공

냉용수   심해저평원   해령   해저산

지질학적 활성구역

바다의 구역들

바다의 규모가 워낙 크다 보니, 개체조사팀 연구자들은 바다를 어떤 구역으로 나누어야 표본조사를 제대로 해서 의미 있는 결과를 얻을 수 있을지 먼저 결정해야 했다. 거의 불가능하다 싶은 이 일을 해내기 위해서 그들은 전통적인 해양 영역 구분법을 버리고 그 대신 우리가 가지고 있는 탐사 기술 및 표본조사 기술을 활용하기 좋도록 바다를 여섯 구역으로 나누었다. 이렇게 나눈 구역 속에 모든 주요 해양 시스템과 분류 그룹들을 빠짐없이 포함시켜서 개체조사팀 과학자들이 해양생물의 다양성, 분포, 개체 수에 대해서 상세히 보고할 수 있게 하려고 주의를 기울였다. 수심 100미터 이상의 바다에 대한 기록이나 자료가 너무

도 부족한 상태였기 때문에, 10년짜리 프로그램을 야심차게 진행한다 하더라도 모든 해양 구역에서 생물의 수량적인 부분까지 세세히 조사하는 것은 애초부터 불가능했다. 그러나 앞으로 어떤 변화가 일어나는지 평가하고 측정하는 근거가 될 수 있는 기준선, 혹은 표준을 개발하는 노력은 대단히 중요한 것이었다.

개체조사팀은 전 세계의 바다를 다음의 구역으로 나누었다.

연안 및 연안 대륙붕: 대륙붕은 대륙의 가장자리와 대양 분지 사이에 있는 경사가 대단히 완만한 바다를 말한다.

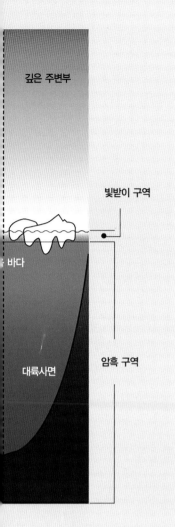

깊은 주변부

빛받이 구역

바다

암흑 구역

대륙사면

대륙붕이 바다에서 차지하는 넓이는 10퍼센트에 불과하지만 지금까지 알려진 다양한 해양생물 대부분이 여기에 살고 있다. 또한 대륙붕은 주로 배타적 경제수역 안에 놓여 있다. 개체조사팀은 이 '인간 활동 가장자리'를 대륙붕 바닥부터 만조에 물이 차오르는 부분까지로 정의하고, 다시 이것을 연안과 연안 대륙붕으로 나누었다. 연안은 수심 10미터 지역에서 만조에 물이 차오르는 부분까지로 정의했다. 연안은 광범위한 위도대와 다양한 기후대에 걸쳐 전 세계 바다 곳곳으로 100만 킬로미터가 넘게 뻗어 있다. 연안 대륙붕 구역은 대륙붕으로 구성되어 있으며 산호초도 포함된다.

대륙 주변부와 심해저평원: 개체조사팀은 연안 대륙붕 끝에서 깊은 대양 분지로 이어지는 대륙 주변부의 사면을 조사하는 중이다. 이 영역은 대륙 주변부와 심해저평원을 둘 다 포함하고 있다. 이 영역에 대해서는 축적된 생물학적 자료가 거의 없다시피 하다. 이곳은 접근이 어려워 거의 대부분의 영역이 탐사가 되지 않은 채로 남아 있기 때문에 개체조사팀에서는 이곳을 '숨겨진 경계'라고 부른다.

중앙 바다: 대륙 주변부 사이에는 대양 분지와 깊은 공해가 있는데, 개체조사팀은 이것을 '중앙 바다'라고 표현한다. 중앙 바다는 다시 해수면부터 수심 200미터에 이르는 '빛받이 구역'과 수심 200미터에서 해저까지의 '암흑 구역'으로 나뉜다. 빛받이 구역은 표류생물, 유영생물, 회유성 동물의 고향이다. 광합성 식물인 표류생물은 빛받이 구

역에 살면서 동물성 플랑크톤인 유영생물의 먹이 공급원 역할을 한다. 빛받이 구역은 또한 회유성 동물의 고향이기도 하다. 회유성 동물은 대양을 가로질러 헤엄쳐 다니는 대형 동물들을 말한다. 암흑 구역도 그와 비슷하게 중간수심 서식층과 해저수심 서식층으로 나뉜다. 광합성에 의해 1차적으로 생산되어 나오는 전 세계 생물량의 40퍼센트가 이 드넓은 공해상의 영역들로부터 나온다.

지질학적 활성 구역: 해저산, 열수구hydrothermal vent(5~25℃의 따뜻한 물 또는 270~380℃의 뜨거운 물이 수 킬로미터의 지구 표면에서부터 스며 나와 바닷물 속으로 나오는 해양 지역. 이곳에서 나온 열수熱水는 황화물을 많이 함유하고 있으므로 무기 영양 세균의 성장이 가능하다_옮긴이), 냉용수cold seep(해저에서 황화수소, 메탄 그리고 기타 탄화수소가 풍부한 액체가 스며 나오는 곳_옮긴이) 등은 지질학적으로 활성화된 영역으로 개체조사팀에서는 이들을 한데 묶어 '지질학적 활성 구역'이라고 이름 붙였다. 개체조사팀 과학자들은 이곳에서 새로운 생물 종을 대단히 많이 발견했다.

얼음 바다: 개체조사 사업 중 두 개는 서로 반대편 극지방에서 연구를 진행하고 있다. 하나는 북극해, 다른 하나는 남극해 지역이다. 이 두 현장조사 사업은 모두 특별한 장비를 갖춘 쇄빙선이 필요하고, 이들 지역의 차가운 바다와 얼음 밑에 무엇이 살고 있는지를 알아내기 위해서는 전체 수심층에 대한 표본조사 일정을 모두 통합해서 꼼꼼히 관리할 필요가 있다.

미생물 환경: 해양미생물들은 전 세계 바다 어디에나 존재하며, 해양에서 일어나는 여러 가지 과정에서 중요한 역할을 하고 있다. 해양생물 개체조사에 완벽을 기하기 위해, 해양미생물 연구를 통해 지구에서 가장 오래된 생명 형태인 미생물군이 어떻게 진화하고, 상호작용하고, 범지구적인 규모로 퍼져 나가게 되었는지를 더욱 잘 이해하려 노력하고 있다.

이 불가사리들은 2000년 8월에 메인 주 코브스쿡 만Cobscook Bay 해안 근처에서 발견한 것들이다.

연안

개체조사팀 연구자들은 모든 위도대, 기후대, 생태계의 연안을 표준화된 연구 방법으로 연구해서 그 결과들을 서로 비교하고 대조해 볼 수 있게 했다. 이런 연결 작업은 '연안 지역의 자연지리Natural Geography in Shore Areas' 또는 '나기사NaGISA(나기사는 일본말로 바다와 육지가 만나는 연안 환경을 뜻한다)라는 현장조사 사업팀이 수행하고 있다. 이 조사 사업의 목표는 연안의 생물 다양성 패턴을 평가하고 시각화해서 나타내고 설명하는 것이다. 지금까지 전 세계 해안의 3/4에 걸쳐 있는 120군데가 넘는 표본조사 지역을 설정해서 작업했다.

근해

먼 거리를 오가는 해양생물 종이 많다는 것을 잘 알고 있기 때문에 '태평양 대륙붕 추적POST, Pacific Ocean Shelf Tracking'이라는 또 다른 근해 조사 사업을 기획했다. 이 조사 사업에서는 북미 대륙의 서부 해안을 따라 음향신호 수신기를 영구시설로 배치해서 어린 태평양 연어들과 10그램에 불과한 생물 종에 이르기까지 다양한 생물 종의 이동을 추적하고 있다. 물고기에 각각의 고유한 신호를 발신하는 음향 꼬리표를 심어주면 여기서 나오는 신호를 해안을 따라 설치한 음향신호 수신기가 포착할 수 있다. 이 초기 추적 시스템을 원형으로 삼아서 2010년까지 오징어에서 뱀장어, 고래에 이르기까지 다양한 범위의 동물에게 음향 꼬리표를 부착하고, 그것을 추적할 음향신호 수신기들을 전 세계적으로, 더 대규모로 설치할 계획이다.

어업계가 처한 최근의 위기로 말미암아 개별 생물 종에 대한 관리 방식을 재검토할 기회가 마련되었다. 새로운 관리 전략이 등장하고 있는데, 이는 개체조사 사업 중 하나인 '메인 만 지역 프로그램GoMA, Gulf of Maine Area program' 덕분이기도 했다. 이 조사 사업은 대규모 해양 환경에서 생태계에 기반을 두고 관리하는 데 필요한 생물학적 지식들을 찾아내서 수집하는 역할을 맡고 있다. 미래에도 이런 종류의 노력이 계속 이어질 텐데, 이 조사 사업이 전 세계 수산자원을 더욱 효율적으로 관리하는 데 필요한 적절한 자료와 지식을 제공함으로써 모범으로 서주기를 기대하고 있다.

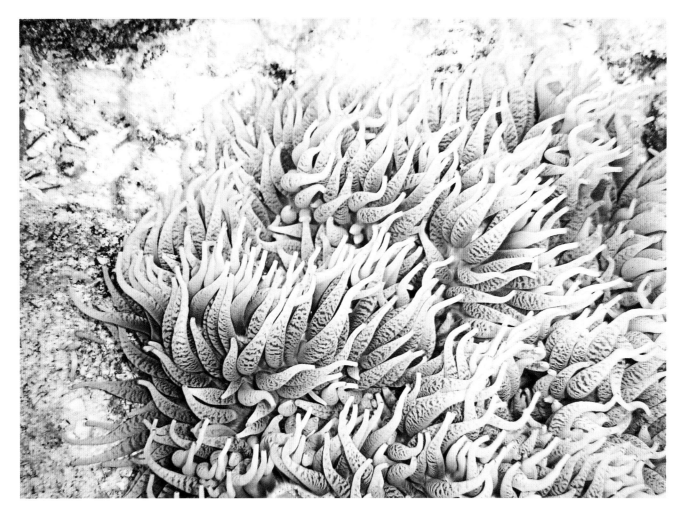

산호초

과학자들은 산호초에 사는 생물 중 지금까지 밝혀진 것은 10퍼센트에도 미치지 못한다고 추정하고 있다. '산호초 개체조사CReefs, Census of Coral Reefs' 현장조사 사업은 이런 지식의 틈새를 메우기 위해 꾸려졌다. 다양한 위도대와 기후대에서 서로 연결되어 연구를 진행하고 있는 연구자들은 표준화된 연구 방법을 사용해서 기후 변화의 영향을 더 받기 전에 생물 다양성의 패턴들을 설명해 내려 노력하고 있다.

대륙 주변부

개체조사팀은 대륙 주변부의 대륙사면 부위를 조사하고 있다. 대륙사면은 연안 대륙붕 가장자리에서 시작해서 깊은 대양 분지를 향해 점차 경사져 내려간다. 경사면을 이루고 있고 해안에서 멀고 깊기 때문에 이 영역은 거의 연구가 이루어지지 않았다. 이 '숨겨진 경계'를 탐사하기 위해 '대륙 주변부 생태계COMARGE, Continental

라인 제도 킹맨 섬에서 촬영한 이 말미잘Heteractis crispa은 하와이를 제외하고 열대 태평양 지역 어디에서나 찾아볼 수 있다. 환초로 둘러싸인 얕은 바다와 물살이 빠른 해협 양쪽 모두에서 살고, 보라색에서 황갈색까지 다양한 색을 띤다. 기회만 닿으면 무엇이든 닥치는 대로 잡아먹기 때문에 물고기, 게 등 촉수에 걸리는 것은 무엇이든 잡아서 가운데 있는 입으로 가져간다. 하지만 흰동가리나 파랑돔 등의 고기는 말미잘 촉수에 손상을 입지 않기 때문에 이 말미잘을 집으로 삼고 사는 경우가 많다.

괴상한 집게발이 달린 이 장님 바다가재는 아주 드문 속인 Thaumastochelopsis에 속하는 종으로, 이전에는 호주에서 발견한 겨우 두 종, 네 개의 채집 표본만을 통해 알려지게 되었던 속이다. 산호해 수심 약 300미터에서 채집한 이 표본은 새로운 종이다.

Margin Ecosystems'라는 개체조사 사업이 진행 중이다. 이 조사 사업은 석유회사와 손잡고 전 세계 대륙 주변부의 생물 다양성에 대한 기준선을 확립하기 위해 작업하고 있다.

심해저평원

대륙사면 기슭 아래쪽에 있는 깊은 해저는 대략 지구 표면의 40퍼센트 정도를 덮고 있으며, 이것은 대륙의 전체 면적(29퍼센트)보다도 넓다. 수심이 약 4,000미터에서 6,000미터 가량 되는 이 영역에는 심해저평원이라는 상대적으로 편평한 지형이 넓게 펼쳐져 있는데, 이곳에 무엇이 살고 있는지에 대해서는 알려진 바가 거의 없다. '심해 해양생물 다양성 조사CeDAMar, Census of Diversity of Abyssal Marine Life' 현장조사 사업은 이 영역의 퇴적물 내부나 그 표면, 혹은 퇴적물 바로 위의 물속에서 살아가는 생물 종의 다양성을 조사하기 위해 출범했다. 처음에 실시한 두 번의 탐사에서는 새로운 생물을 수백 종이나 발견했고, 2010년까지 다섯 번의 탐사가 더 계획 중이다. 아마도 새로운 종의 발견으로 해양생물 종 데이터베이스를 풍부하게 만드는 데 가장 큰 기여를 하게 될 조사 사업은 바로 이것이 아닐까 싶다. 그리고 그렇게 많

새로운 기술의 발달로 인해 개체조사팀 연구자들은 빛이 투과하는 바다에 살고 있는 작은 동물들을 그들이 보는 모습 그대로 바라볼 수 있게 되었다. 이 사진에 보이는 것은 단각류인 Eusirus holmii로, 강력한 집게발로 잡아먹을 작은 먹잇감을 찾고 있는 중이다.

은 발견을 한 후에도 새로운 발견의 여지는 계속 남아 있을 듯하다.

빛받이 구역

표류생물과 유영생물: 육지생물의 생존 기반은 식물의 광합성 활동이다. 그와 비슷하게 해양생물의 생존 기반 역시 바다의 '식물'들, 즉 식물성 플랑크톤, 광합성 세균 그리고 조류 등의 광합성 활동이다. 전체 해양 생산성의 거의 95퍼센트를 차지하는 식물성 플랑크톤은 광합성에 필요한 햇빛을 받을 수 있는 수심 200미터 이하의 진 세계 바나에서 살고 있다. 다양한 동물성 플랑크톤이 이 식물성 플랑크톤을 먹이로 살아가는데, 그중에서는 요각류라 불리는 갑각류가 제일 많다. '해양 동물성 플랑크톤 개체조사CMarZ, Census of Marine Zooplankton' 사업은 분자영상 기술, 광학영상 기술, 음향영상 기술 및 원격탐지 기술 등 새로 등장한 기술들을 사용해서 범지구적인 규모로 모든 해양 동물성 플랑크톤 종을 분석하려 시도하고 있다.

회유성 동물: 빛받이 구역은 대양을 가로지르며 헤엄쳐 여행하는 대형 동물들의 고향이기도 하다. 과학자들은 꼬리표를 이용하거나 실시간 추적을 통해서 이 동물들에 대해 알아가고 있다. '태평양 포식동물 꼬리표 붙이기TOPP, Tagging of Pacific

Predators' 현장조사 사업은 동물들의 힘을 빌어서 동물들 스스로 바라보는 공해상의 광활한 서식처 풍경을 그려가는 중이다. 최상위 포식동물의 이동은 특히나 흥미로운 영역이다. 꼬리표 붙이기 사업에 참가하는 과학자들은 신천옹에서 날개다랑어, 코끼리바다표범, 오징어에 이르기까지 23종, 2,000마리가 넘는 동물들에 꼬리표를 붙였다.

암흑 구역: 중간수심층과 해저수심층

수심 200미터 이상의 암흑 구역을 조사하는 과업은 여러 나라의 연구자들이 그룹을 이루어 만든 '대서양 중앙해령 생태계 조사 사업MAR-ECO, Mid-Atlantic Ridge Ecosystems Project' 팀이 맡았다. 이 조사 사업의 목표는 북대서양 중앙 해역의 중간수심층과 해저수심층에 살고 있는 유기체들의 분포와 개체 수, 영양 관계 등을 탐사하고 이해하는 것이다.

다방면의 전문가들로 구성된 연구팀은 선박과 잠수정을 이용해서 아이슬란드와 아조레스 제도 사이의 구역을 조사했다. 2004년 중반에 대서양 중앙해령을 따라 두 달간 조사를 진행했는데 그 조사는 질적으로 보나 양적으로 보나 지금까지 이 구역을 대상으로 진행했던 조사들 중 가장 포괄적인 것이었다. 표본조사로 45종에서 50종 정도의 오징어 종을 확인했고(그중 두 종은 과학계에 처음 보고되는 것일 가능성이 크다), 어류 표본은 8만 개 정도를 얻었으며 그중 다수가 과학계에 처음 보고되거나 적어도 북대서양에서는 처음 발견된 종으로 생각된다. 이 조사 사업팀은 이 새로운 기술을 다른 대양으로 확대 적용하려 노력하고 있다.

지질학적 활성 구역

열수구와 냉용수: 지각에 생긴 균열을 통해서 과열되고 미네랄이 풍부한 물이 지속적으로 흘러나오는 해저 지형이다. 냉용수는 황화수소, 메탄, 그리고 기타 탄화수소가 풍부한 액체가 주변 바닷물과 같은 온도로 천천히 해저에서 스며 나오는 해저 지형을 말한다. 이들 지질학적 활성 구역에 대한 조사는 '화학합성 생태계의 생물지리학ChEss, Biogeography of Chemosynthetic Ecosystems' 현장조사 사업팀이 맡아서 진행하고 있다. 이 조사 사업팀은 주로 적도대서양대Equatorial Atlantic Belt와 태평양 남동부 그리고 뉴질랜드 해안 먼 바다에서 열수구와 냉용수들을 새로 찾아내고 있으며, 과학자들은 새로 발견하는 종들에 대해 전 세계적인 데이터베이스를 구축하고 있다. 1977년에 열수구가 처음 발견된 이후 한 달에 두 개 정도의 빈도로 새로운 종들이 발견되고 있다.

47쪽: 탐사가 거의 이루어지지 않은 바다에서는 마치 보석이 박힌 듯 아름다운 이 오징어Histioteuthis bonelli처럼 놀라울 정도로 정교하고 아름다운 동물들을 발견할 수 있었다.

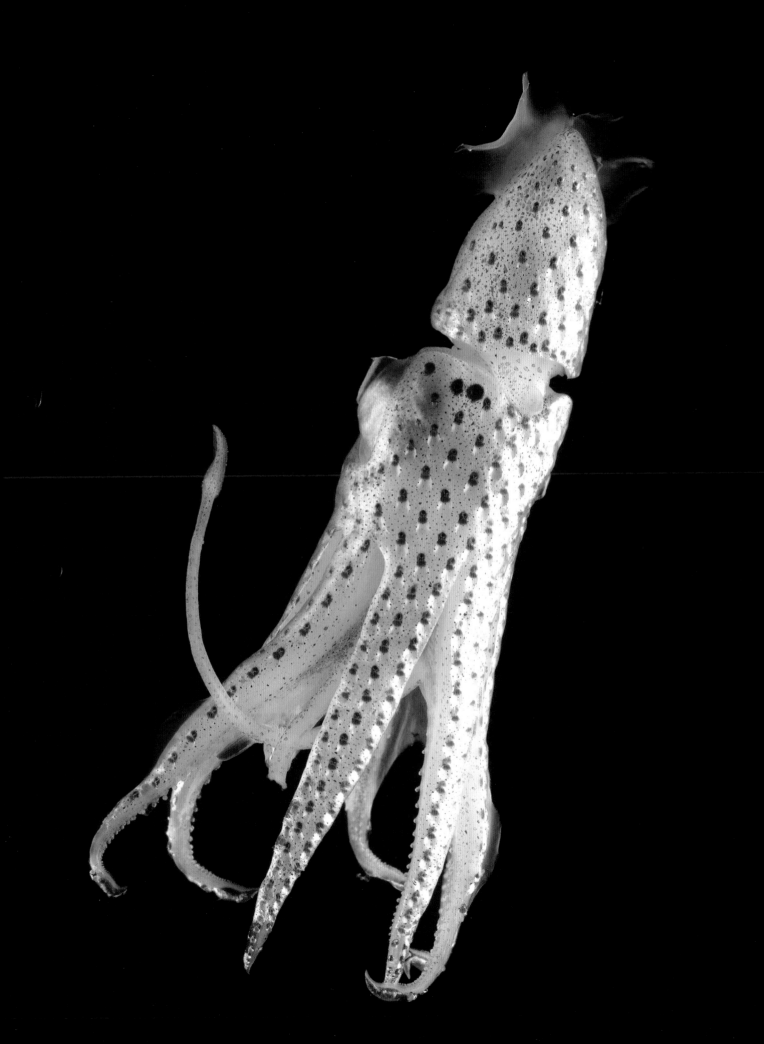

1977년에 열수공을 처음 발견한 이후 놀라울 정도로 다양한 생물 종들이 이런 곳에서 발견되고 있다. 여기 보이는 '블랙스모커(지각 밑에서 비등점 이상으로 과열되어 있던 물이 해저 지각을 뚫고 나와 찬물과 만날 때 그 속에 함유되어 있던 풍부한 미네랄 성분들이 결정으로 굳어지면서 검은 굴뚝 연기처럼 보이는 열수공의 한 형태를 말한다_옮긴이)' 열수공은 대서양 중앙해령의 로가텍(Logatech)에 있는 것이다.

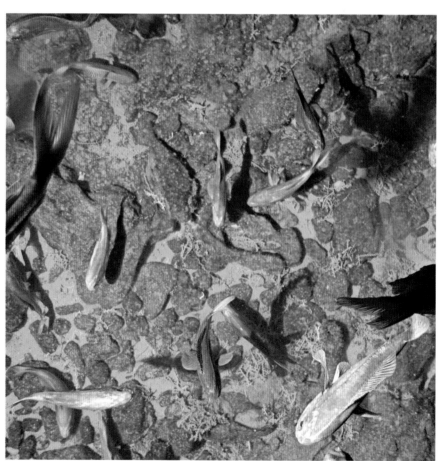

개체조사팀 과학자들은 전 세계 해저산에서 살고 있는 다양한 생물 군집을 계속 발견하고 있다. 오렌지 러피(Orange roughy fish, Hoplostethus atlanticus 군집이 보인다.

해저산: 해저산은 해수면 아래 잠겨 있는, 가파른 경사면을 가진 사화산을 말한다. 공식적으로 해저산으로 분류되려면 높이가 최소 1,000미터 이상 돼야 한다. 이 해저 산들의 정상은 보통 수면에서 수백 미터 내지 수천 미터 정도 아래에 있다. 서로 다 른 형태의 해저산들 주변에 어떤 생물들이 살고 있고, 이 생물 종들이 이런 독특한 서식처에서 살고 있는 이유를 알기 위해 '해저산 개체조사CenSeam, Census of Seamounts' 사업팀은 기존에 탐사한 적이 거의 없는 여러 장소를 대상으로 지금까지 몇 번 탐사 를 진행했다. 과학자들은 또한 어업이 해저산 생물 군집에 미치는 영향에 대해서도 조사 중이다.

북극해의 표본조사는 대부분 여름 기간을 택해서 진행하는데도 탐사가 거의 이루어지지 않은 곳까지 가려면 여전히 쇄빙선의 도움이 필요하다.

남극 반도의 얼음이 사라짐에 따라 새로운 탐사 영역이 열리면서 개체조사팀 과학자들은 생명이 어떻게 차갑고 외딴 남극해 지역에 적응했는지를 연구할 수 있게 되었다.

얼음 바다

두 현장조사 사업팀이 남극과 북극의 바다를 연구하고 있다. 해수면의 얼음부터 해저 밑바닥까지 모든 수심의 바닷물을 연구하려면 특수한 장비를 장착한 쇄빙선과 정밀한 표본조사 장비가 필요하다. '북극해 다양성ArcOD, Arctic Ocean Diversity' 조사 사업의 목표는 알려진 것이 가장 적은 이 바다의 생물 다양성에 대해 지금까지 알려진 지식들을 종합해서 짜 맞추고, 신기술을 이용해서 새로운 국제적인 탐사를 이끌고, 급속도로 얼음이 녹아내리고 있는 이 바다에서 일어나는 생물학적 변화를 이해하고 예측할 수 있는 틀을 개발하는 것이다.

반대편 북극에서와 마찬가지로, '남극 해양생물 개체조사CAML, Census of Antarctic Marine Life' 사업은 남극해에서 풍부한 생물학적 자료들을 수집하고 있고, 이곳을 방문하는 모든 순양선에게 생물 다양성 표본조사 작업에 참여하도록 독려하고 있다. 남극 해양생물 개체조사 사업팀은 2009년 봄에 끝난 '국제극관측년International Polar Year'에 열여덟 개 탐사를 이끌었다. 이 탐사의 목표는 이 새로운 생물학적 지식과

전 세계 바다생물들을 지배하고 있는 복잡한 해류 역학을 결부시켜 바라보는 것이었다.

미생물

해양미생물의 개체 수는 가히 충격적이다. 개체조사팀 연구자들은 바닷물 1리터에서 2만 종이 넘는 미생물을 찾아냈다. '국제 해양미생물 개체조사ICOMM, International Census of Marine Microbes' 사업팀은 지구에서 가장 오래된 생물 형태인 미생물 개체군이 어떻게 진화해 왔고 어떤 식으로 상호작용하고 어떤 과정으로 범지구적으로 재분포하게 되었는지에 대한 이해를 돕기 위해 해양미생물의 생물 다양성에 대한 데이터베이스를 개발하고 있다. 이렇게 새로운 것들을 알게 되면 미생물 수준에서 대양을 횡단하는 대형 해양포유동물에 이르기까지 생물 다양성에 대해 우리가 알고 있던 내용들이 뒤집힐지도 모른다.

남극 얼음고기ice fish는 생명이 어떻게 남극해의 붕괴된 빙붕(빙상의 가장자리가 바다에 돌출되어 떠 있는 부분_옮긴이) 아래서 적응해 살아남았는지를 보여주는 한 예다. 이 물고기는 적혈구 색소(헤모글로빈)도 없고 적혈구도 없기 때문에 혈액이 묽다. 그렇지 않았다면 걸쭉한 혈액을 몸 전체로 펌프질하는 데 더 많은 에너지가 소모되었겠지만 혈액이 묽은 덕분에 에너지를 절약할 수 있다.

미생물 갤러리

미생물은 정교하고 복잡다양하며
대단히 아름다운 경우가 많다.
다음의 미생물 사진들은
전자현미경을 이용해
촬영한 것들이다.

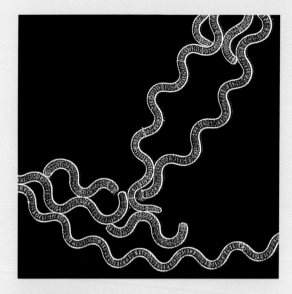

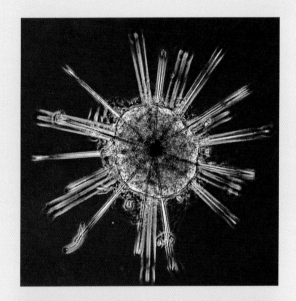

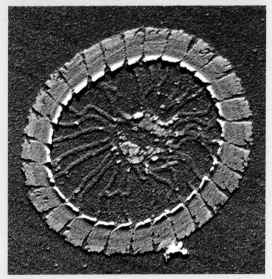

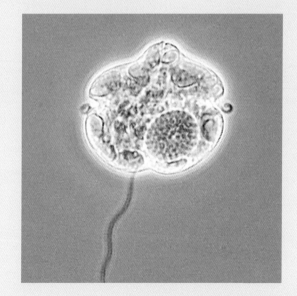

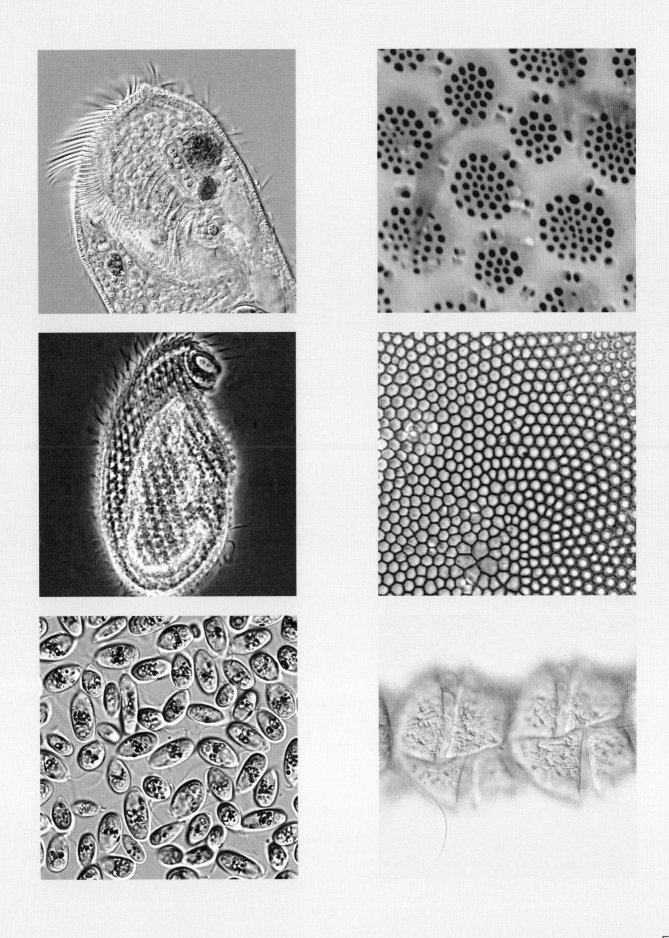

〈안개 경고The Fog Warning〉. 윈슬로 호머 Winslow Homer(미국, 1836~1910), 1885년 작, 유채화, 보스턴, 파인 아트 미술관

제2장

과거의 모습을 그려보다

현재를 이해하고 미래를 예측하기 위해서는 우선 과거를 알아야 한다.
— 퍼트리샤 밀로슬라비치Patricia Miloslavich
해양생물 개체조사팀 공동 수석 과학자, 베네수엘라 카라카스,
시몬 볼리바르 대학

무슨 일을 하든 간에, 과거를 이해하지 않고서 현재의 상황을 적절한 맥락 속에서 파악하고 미래를 예측하는 일은 불가능하다. 역사적인 맥락은 마치 개인의 기억처럼 현재의 상황을 바라보는 틀을 잡아주고, 미래가 어떤 경향을 띠고 펼쳐질지 예상하게 해준다. 개체조사팀의 과학자들은 애초부터 이 사실을 잘 알고 있었지만, 막상 한때 바다에 무엇이 살았는지 정확하고 믿을 만한 해답을 내놓을 연구 프로그램을 짜내려니 풀어야 할 과제들이 만만치 않았다. 이 문제의 해답을 얻기 위해 그들은 해양동물의 개체 수 역사 연구에 착수했다.

한때 바다에 살았던 것

바다에는 무엇이 살고 있었을까? 그 해답을 얻기 위해서는 해양과학을 폭넓게 바라보고 다방면에 걸쳐 접근하는 새로운 관점이 필요했다. 상당한 논의를 진행한 끝에 수산학자, 해양 역사학자, 해양 생태학자와 기타 관련 분야의 전문가들이 모여서 해양동물 개체 수의 역사를 평가하는 데 필요한 시간적 틀을 설정했고, 특히 지난 500년에 초점을 맞추었다. 이 시기는 유럽 국가들이 아프리카, 아시아, 서반구로 활동을 넓히기 시작하고, 곧이어 어업이 처음 전 세계적으로 확장되기 시작한 때이다. 인류가 해양 환경에 영향을 미치기 시작한 것은 1,500년도 넘었을 것이라고 많은 사람들이 인정하고 있지만 기록을 제대로 남기기 시작한 것은 16세기 이후였기 때문에, 근대 시기를 조사하는 사람들은 문헌 기록을 주로 참조해서 어류와 수산업에 대한 역사적 자료를 찾아냈다. 하지만 해양과학자, 고고학자, 고동물학자

및 다른 연구자들은 인류가 고기를 잡고 기타 해양자원을 사용했던 다양한 흔적들을 분석하는 과정에서 연구 범위를 원래 계획했던 500년 기간에만 국한하지 않았고, 이들 자료 중에는 수천 년 전의 것들도 있었다. 그 덕에 수산자원이 시간의 흐름을 따라 어떻게 변해 왔는지 이해를 더욱 넓힐 수 있었다.

약 14만 년 전의 것으로 추정되는, 남아프리카 공화국 블롬보스 동굴의 조개무지는 인류의 해양동물 채집이 농업과 도시의 발생 이전에 이미 시작되었음을 말해준다. 고대 이집트와 크레타 그리고 마야인들이 살았던 유카탄 지역에서 발견된 벽화나 고래 이빨로 만든 낚시 바늘, 이누잇족과 폴리네시아 사람들 사이에서 전해오는 이야기 등은 초기 문명사회의 번성에 바다가 어떤 기여를 했는지를 드러내는 수없이 많은 예들 중 일부에 불과하다. 그럼에도 불구하고, 인간의 활동이 해양 생태계에 어떤 영향을 미쳤는지에 대해서, 혹은 해양자원이 초기 인류사회의 형성에 어떤 역할을 했는지에 대해서는 폭넓게 연구된 적이 없다. 최근까지도 해양 생태학자들은 상업적으로 어획하는 해양생물 종의 현 상태를 평가할 때 일반적으로 제2차 세계대전 이후로 수집된 자료들을 기준으로 사용했다. 역사적인 자료들은 엄격한 과학적 기준을 따르지 않았다는 이유로 무시되는 경우가 많았다.

무엇이 정상인가?

1995년에 수산생물학자인 브리티시컬럼비아 대학교의 다니엘 폴리Daniel Pauly는 시간이 흐르면서 정상을 정의하는 기준이 어떻게 퇴보할 수 있는지를 설명하기 위해서 '기준선 변화Shifting baselines'라는 용어를 처음 사용했다. 폴리에 따르면 사람들은 자기 자신의 경험에 비추어 '정상적인 것'을 판단하기 때문에 세대를 넘기면서 해양과학자들은 자신이 살고 있는 시기 이전의 바다에서 일어났던 변화를 간과하게 되었다고 한다. 과거의 자연환경에 대한 지식은 그저 이야기나 일화로만 남아 있고, 시간에 따라 정량화하여 정리한 자료로는 남아 있지 않기 때문에 과학자들에게는 쓸모가 없다. 따라서 세대를 거듭하는 동안 연구자들이 정의하는 '정상'의 기준은 점점 비정상적인 영역으로 넘어가고 말았다.

생태계 건강의 기준선을 한 번 설정하고 나면 앞으로의 변화를 측정하는 표준으로 사용할 수 있기 때문에 대단히 중요한 평가 기준이 된다. 이런 기준은 시간의 흐름에 따라 해양 생태계가 얼마나 많이, 얼마나 빠른 속도로, 어떤 방향으로 변화하고 있는지를 판단하고, 그런 변화에서 인간의 활동이 미치는 영향은 얼마나 되는지 그리고 전 세계 해양자원에 미치는 기후 변화의 영향과 자원 개발의 범위 등을 판단하는 데 핵심적인 역할을 하게 된다.

2001년에 스크립스 해양연구소의 제러미 잭슨Jeremy Jackson은 열여덟 명의 공동 저자와 함께 전 세계 연안의 해양생물에 대한 역사적 자료들을 분석해서 그 결과를 발표함으로써 기준선 변화의 실체에 대한 대중의 관심을 환기시켰다. 잭슨과 그의 동료들은 지난 1,000년 동안 카리브 해, 체서피크Chesapeake 만, 캘리포니아 근해, 호주 근해 등 거의 모든 곳에서 어류의 남획이 광범위하게 자행되었다고 결론 내렸다. 과거에 바다가 얼마나 많은 생명으로 넘쳐났는지를 상상해 보기는 이제 사실상 거의 불가능해졌다.

이 기념비적인 논문은 바다에 대한 사람들의 사고방식을 바꾸어놓았고, 바다의 역사를 이해하려는 새로운 열정을 불러일으켰다. 해양생물 개체조사 작업에서도 역사적 조명은 필수불가결한 요소가 되었다. 2003년에 연구자들은 자연적인 변동과 인간 활동의 영향을 구분해 내는 것을 목표로 해양동물 개체 수에 대한 장기적인 역사 자료들을 수집하는 어려운 일에 착수했다. 결국 개체조사팀이 진행하는 열여섯 개의 역사 사례 연구 결과는 인류의 영향이 중요해지기 전과 그 후의 바다에서 생명이 어떻게 살고 있었는지를 보여주는 신뢰할 만한 그림을 처음으로 그려내게 될 것이다.

해양생물 개체조사의 역사 연구 부분은 해양생물의 개체 수가 장기간에 걸쳐 어떤 변화를 겪었는지, 장기간에 걸쳐 지속된 인간의 어획활동이 생태계에 어떤 영향을 미쳤는지, 해양자원이 인류 사회의 발전에서 어떤 역할을 했는지 등을 조사하여 생태계 역학에 대한 이해를 높이는 것을 목표로 착수한 것이었다. 그리고 2차적인 목표는 역사적 문헌에 기록된, 과거의 더욱 건강했던 해양생물 종과 해양 환경을 정량적으로 심도 깊게 분석함으로써 현재의 해양 관리 목표를 개선하고, 미래에 생태계 회복을 촉진할 수 있음을 보여주려는 것이었다. 이 과제를 해결하기 위해서는 해양 생태학, 해양 역사학, 고고학, 고생태학 등의 다양한 학문 분야를 포괄하는 접근법을 통해 연구 방법과 분석 관점들을 종합해야 했다. 이렇게 광범위하고 대규모로 연구가 진행된 적은 없었으며, 과학자들은 이렇게 큰 규모의 조사 사업에는 많은 장애물들이 따라온다는 사실을 오래지 않아 깨닫게 되었고, 수학적 모델을 세우는 데 필요한 적절한 자료를 찾아내는 데도 적지 않은 어려움이 따른다는 것을 알게 되었다.

포경일지, 차림표 및 기타 기록들

역사적으로 문헌상에 남아 있는 어류 개체 수에 대한 기록은 대부분 상업적 가치가 있는 종에 국한되어 있기 때문에 연구자들도 초기에는 그 방향으로 노력을 집중했다. 제일 먼저 한 작업은 역사적 기록물에서 해양생물 종에 관한 자료들을 찾아내서 복원하고 정리해서 해석하는 일이었다. 일부 자료는 해양과학자들 입장에서는 대단히 낯선 종류의 것이었고, 이런 식으로 과학 연구에 이용되어 본 적도 없는 것이었다. 문헌은 1600년대 러시아 수도원 기록물이나 세계 도처의 문헌자료실에 먼지 쌓여 있던 낡은 포경 기록에서부터, 20세기부터 시작된 호주의 하역 기록, 19세기에 시작한 초기 과학 조사 항해 기록, 발트 해 지역의 세무 기록에 이르기까지 다양했다. 어떤 경우에는 미국의 식당 차림표가 음식에 대한 사람들의 기호 변화를 알려줄 뿐 아니라 해당 생물 종을 그 지역에서 구할 수 있었는지 그리고 그 공급량은 얼마나 풍부했는지를 알려주는 자료로 활용되기도 하였다.

비문헌 자료는 중세 잉글랜드와 스코틀랜드 지역의 고고학 발굴 작업에서 찾아낸 생선 뼈에서 에스토니아 지역의 고해양

꼼꼼하게 기록한 고래잡이 탐사 항해일지도 개체조사팀 조사자들이 참고한 주요 자료 중 하나였다.

개체조사팀 연구자들은 과거를 추적하기 위해서 다양한 자료들을 이용했다. 시간의 흐름에 따라 어떤 해산물 요리와 생선들이 판매되었고 가격은 어떻게 형성되었는지를 추적하기 위해 20만 개가 넘는 식당 메뉴판을 주요 자료로 사용했는데, 여기 그 사진들 중 일부가 나와 있다.

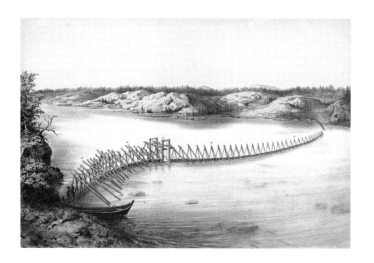

어업 방식 변화에 따른 기술의 발전은 어류 개체 수에 해로운 영향을 미치는 경우가 많았다. 여기 보이는 것은 1850년경 러시아 키차Kitsa 강에서 연어를 잡기 위해 쳐놓은 울타리이다.

넙치는 과도한 남획으로 인해서 북대서양에서는 사실상 거의 사라졌으며, 이제는 어쩌다 잡히는 것이 있어도 이 사진에 나와 있는 거대한 넙치에 비교하면 엄청나게 작은 것밖에 없다. 이 사진에 나온 것은 1910년경 우편엽서에 소개된 거대한 넙치로(123킬로그램) 매사추세츠 프로빈스타운 바닷가에서 잡은 것이다.

개체조사팀 연구자들의 연구에 따르면 현재 많은 해양생물 종의 크기와 개체 수가 과거와 차이가 있으며 과거보다 개체들이 작아진 경우가 많다고 한다. 이 큰 대구는 메인 주 모히간 섬에서 잡힌 것이다.

A 270 LB. HALIBUT CAUGHT AT PROVINCETOWN, MASS.

This whale was killed by Capt. Joshua Nickerson in the steamer A. B. Nickerson, and was one of the largest of the Finback species ever taken here and measured as follows:

Length, 65 feet, 4 inches
Across the tail, 14 feet, 6 inches
Length of lower jaw, 11 feet
Length of fins, 10 feet
Girth, 37 feet
Weight, 136 tons
Capacity of mouth when closed, 30 barrels.

WHALE ASHORE ON BEACH AT PROVINCETOWN, MASS.

오래된 우편엽서를 보면 다양한 지역에서 과거에 어떤 어업이 발달했었는지 추적하는 데 도움이 된다. 이 엽서들을 보면 1900년경 케이프 코드에서 대형 고래와 소형 고래를 대상으로 포경 어업이 이루어졌음을 알 수 있다. 100년 전만 해도 케이프 코드와 스텔웨건 뱅크에서 포경업이 성행했었다는 사실을 잊고 있는 경우가 많다.

학 자료에 이르기까지 다양했다. 에스토니아에서는 13세기 말에 수입했던 것으로 추정되는 대구의 뼈를 찾아내기도 했다. 이 모든 다양한 자료들을 분석해서 시장 내 공급량의 변화와 지리적 분포의 변화를 시간 순서에 따라 나타냈으며, 어업과 기후의 다양성에 따르는 영향 그리고 해양동물 개체 수에 변화를 가져왔을 만한 다른 요소에 대한 정보를 더했다.

해양동물 개체 수의 변화를 역사적으로 조사하는 연구자들은 특정 지역이나 특정 해양생물 종 그룹 등의 연구 초점에 따라 여러 팀으로 편성되었다. 연구 목표가 전 세계 바다를 시기별로 연구하는 것이었기 때문에 그 주제도 시기에 따른 전 세계 포경산업의 변화와 같은 광범위한 주제에서 20세기 후반 인도네시아의 전통적 상어잡이 어업의 확장에 따르는 영향 같은 지역적 주제까지 다양했다. 역사적 자료로부터 의미 있는 결과를 뽑아내기 위해서는 상당한 기술과 판단력, 끈기, 용기 그리고 협력 의지가 필요했다. 덴마크 공과대학에서 온 개체조사팀 연구자인 브라이언 매켄지Brian MacKenzie의 말에 따르면, 행운도

Black Fish driven ashore at South Wellfleet, Cape Cod, Mass. About 1500 in the school. Sold for fifteen thousand dollars, which was divided among 300 inhabitants.

적잖이 따라야 했다고 한다.

개체조사팀의 연구자들은 이런 힘든 과제에 기꺼이 응했고, 길게는 8년간 이어진 작업의 결과물들을 각각의 사례 연구가 마무리되는 대로 발표하고 있다. 2010년에 빛을 볼 첫 해양생물 개체조사 발표에서는 이런 각각의 연구 결과들을 모두 종합해서 선보이게 될 것이다. 여기서 소개하고 있는 연구 방법과 연구 결과들은

이 작업이 얼마나 복잡한 것이고 거기서 찾아낸 내용들이 얼마나 큰 잠재적 가치를 지니고 있는지를 말해준다.

개체 수 감소의 기록들

과학자들이 바다의 과거를 밝혀내어 현재와 비교해 보면 그 결과가 충격적인 경우가 많았다. 일례로, 개체조사팀이 새로 찾아낸 내용을 보면 북유럽의 바덴 해는 최고 1,000년에 이르는 기간 동안 환경적으로 내리막길을 걷고 있는 중이라고 한다. 이는 기존에 생각했던 것보다 훨씬 긴 기간이다.

캐나다 노바스코샤 주 핼리팩스에 있는 댈하우지 대학교의 하이케 로체Heike K. Lotze가 주도하는 개체조사팀 연구자들은 사회적, 생태적 변화에 대한 고고학적, 역사적 자료들을 분석하고 종합해서 북해의 이 얕은 바다의 환경이 어떻게 인간에 의해서 내리막길을 걸어왔는지를 시간표로 구성했다. 덴마크, 독일, 네덜란드로 둘러싸인 바덴 해는 그 지역 사람들에게 역사적으로 중요한 식량 및 자원 공급처이자 수송로로 역할을 했다. 인간의 이용으로 말미암아 환경과 생태계가 퇴보했다는 사실은 그리 놀라운 것이 아니지만, 이 연구 결과는 그런 퇴보의 과정이 과학자들이 이전에 생각했던 것보다 훨씬 오랜 기간 동안 진행되었음을 말하고 있다.

바덴 해의 '자연 그대로의 상태'가 무엇인지 기준을 잡으려는 시도의 일환으로 인류가 얼마나 오랫동안 이 바다를 개척하고 이용해 왔는지를 보기 위해 연구자들은 역사적 자료들을 검토했다. 이런 기준선을 잡고 나면 생태계의 퇴보가 어디까지 진행되었는지를 평가할 수 있고, 또한 이 기준선은 심하게 남획된 이 연안 지역 관리에 유용한 도구로 판명될 수도 있을 것이다. 자료들을 분석하는 과정에서 연구자들은 해양자원의 과도한 착취에 대한 역사적 기록이 최소한 500년 이전까지로 거슬러 올라가는 것을 발견하고 놀랐다. 일반적으로는 그 역사가 150년을 넘지 않을 것이라고 생각해 왔었다. 질소나 인 성분 등 과도한 영양분의 유입으로 부영양화가 시작된 것은 100년 전이었지만, 기록을 살펴보면 인간에 의한 환경의 변화는 해변에 살던 인류가 바다를 육지로 간척하기 위해 제방을 쌓기 시작했던 1,000년 전으로 거슬러 올라간다.

이런 연구 결과를 바탕으로, 바덴 해가 '자연 그대로의 상태'였을 것이라고 판단하는 기준 시기는 예전에 생각했던 1850년 무렵보다 훨씬 과거인 AD 1000년 무렵으로 물러나게 되었다. 이는 노르만족의 잉글랜드 정복보다도 앞선 시기이며, 현재의 감시 프로그램과 관리 전략의 범위를 훨씬 벗어나 있다. 이것은 현재의 규제

인류는 역사적으로 늘 해양자원을 착취해 왔다. 이 그림은 19세기 말 독일 함부르크 항구의 철갑상어 도살장을 그린 것이다.

프로그램들이 환경 변화를 비교할 기준 시기를 잘못 잡고 있음을 의미한다. 앞으로 해양 생태계를 감시, 관리하는 방법이 점차 발전해 가는 과정에서 과학자와 정책 입안자 그리고 대중들은 이러한 연구 결과를 바탕으로 인류가 바덴 해에 미친 영향에 대해서 좀 더 완벽한 그림을 그려볼 수 있을 것이다. 그리고 그 다음으로는 생태계 복원과 회복을 위한 새로운 목표를 설정하고 시행할 수 있을 것이다. 그리고 이 새로운 목표에 생태계가 1,000년에 걸쳐 겪었던 모든 변화를 고려해서 반영해야 함은 물론이다.

또 다른 역사 연구에서 하이케 로체는 강물이 바다로 흘러드는 강어귀에 일어난 역사적 변화들을 전 세계적으로 연구했다. 연구자들은 고생물학 자료, 고고학 자료, 역사 자료, 경제 자료 등을 함께 검토하여 주요 동물의 개체 수 변화 및 서식지, 수질의 변화와 외래종 유입 등을 추적했다. 열두 개 주요 강어귀와 전 세계 연안 바다에서 나온 조사 결과를 토대로 로마 시대부터 현재에 이르기까지 인류가 연안 해양 생태계에 어떤 영향을 미쳤는지에 대한 그림이 그려졌다. 로체와 그 동료들이 내린 결론을 보면, 그 동안 인류의 활동으로 말미암아 주요 해양생물 종 중 90퍼센트가 고갈되었고, 잘피Sea grass와 습지대의 65퍼센트가 사라졌으며, 수질이 적게는 열 배에서 크게는 1,000배까지 악화되었고 외래종 유입이 가속되었다. 더욱이 인구가 증가하면서 자원에 대한 수요가 증가하고 사치품 시장이 생겨나고 산업화가 진행되면서 생태계 파괴의 속도는 점점 더 빨라지고 있다.

로체는 이렇게 설명한다. "역사를 통틀어 강어귀와 연안의 바다는 해양생물의

62쪽: 이 위성 사진은 1999년의 허리케인 플로이드Floyd가 노스캐롤라이나 아우터뱅크Outer Banks에 얼마나 파괴적인 영향을 미쳤는지를 잘 보여준다. 녹색은 육지에서는 식물을, 물에서는 식물성 플랑크톤을 나타낸다.

인간은 해양생태계에 막대한 영향을 미쳤다. 일례로 그리스의 스펀지 채취 잠수부Sponge diver(스펀지는 바다 속에 사는 해면동물을 일컬으며 지중해 연안에서는 오랜 옛날부터 미모용 또는 수분 흡수용으로 사용하였다. 합성 스펀지도 이 동물의 이름에서 유래한 것이다_옮긴이)의 진일보한 잠수 기술은 전에는 잠수가 불가능해서 자연 그대로 남아 있던 곳까지 내려갈 수 있게 해주었기 때문에 플로리다의 해면 어업은 완전히 바뀌었다. 이 잠수부 사진은 1931년경에 플로리다 타폰 스프링즈Tarpon Springs에서 촬영한 것이다.

기원이자 어업 대상 어류 대부분이 살고 있는 서식지이며 우리 경제를 굴리는 자원, 또한 자연적 재해에 대한 완충지로서 인류의 발전에서 핵심적인 역할을 해왔습니다. 하지만 한때는 이렇게 풍부하고 생물학적으로 다양했던 이 영역이 이제는 잊히고 있습니다. 산호초 같은 다른 해양 생태계와 비교해 봤을 때 이곳에 대해서는 국가적인 정책도, 언론도 관심을 거의 두지 않고 있습니다. 슬프게도 우리는 이곳이 서서히 파괴되어 가는 것을 그저 당연한 것으로 받아들이고 있습니다."

1900년에 들어 이들 열두 개 강어귀에 사는 포유류, 새, 파충류 대부분이 사라지게 되었고, 1950년에 이르러서는 식량과 석유, 모피, 깃털, 상아 등의 사치품에 대한 수요 증가로 말미암아 그 수가 훨씬 적어지게 되었다. 어류 중에서는 사람들이 무척 좋아하고 어획도 용이한 연어와 철갑상어 같은 종이 제일 처음 고갈되기 시작했고, 참치와 상어, 대구와 넙치, 청어와 정어리 등이 그 뒤를 이었다. 굴은 대단히 가치가 높고 어획도 쉬우며 채집 방법이 너무 파괴적이기 때문에 무척추 동물 중에서 가장 먼저 그 수가 줄어들었다. 강어귀 생태계 파괴의 가장 큰 이유는 바로 인간의 착취로, 생물 종 고갈의 95퍼센트, 멸종의 96퍼센트가 바로 인간 때문에 일어났고, 여기에는 서식처 파괴가 함께 동반되는 경우가 많았다. 하지만 앞으로는 외래종 유입과 기후 변화가 그렇지 않아도 고갈된 자원들을 더욱 고갈시키는 데 더 큰 역할을 하게 될 것이다.

다행히 고무적인 소식도 들린다. 20세기에 환경보호 노력을 기울였던 강어귀에서는 회복의 조짐이 나타나고 있다. 개체조사팀 과학자들에 의하면 가장 빠른 회복 방법은 누적적으로 쌓여가는 인간 활동의 영향력을 완화시키는 것이었다. 지금까지 이루어진 생태계 회복 중 78퍼센트 정도가 자원 개발, 서식지 파괴, 오염 등의 인간 활동 중 적어도 두 가지 이상을 한꺼번에 줄였기에 가능했다. 추세를 살펴보면 선진국의 강어귀 생태계 파괴는 이미 저점을 찍고 이제 회복 단계로 들어갔다고 볼 수 있지만 개발도상국에서는 연안과 강어귀 생태계에 대한 파괴 압력이 날로 커지고 있다. 하지만 개체조사 사업으로 과학자들은 아주 값진 도구를 얻었다. 역사적인 기준선을 세움으로써 인간이 간섭하기 이전의 연안 생태계가 어땠는지를 이해하게 된 것이다. 그리고 이 기준선은 앞으로 생태계를 복원하는 데도 훌륭한 비전으로 역할을 다할 것이다.

원년의 기준선을 찾아서

또 다른 개체조사 연구에서는 고고학 발굴에서 나온 물고기 뼈 같은 직접적인 증거 자료들을 이용해서 초기 인류가 풍부했던 해양생물 종에 미쳤던 영향을 확인하고, 기준선 변화 연구의 '원년'을 정하는 것을 목표로 삼고 있다. 고고학 발굴에서 나온 물고기 뼈에서 추출한 단백질을 조사하면 고대 문명이 어떻게 어업을 했는지 엿볼 수 있다. 케임브리지 대학의 물고기 뼈 조사 사업 팀장을 맡고 있는 제임스 배릿 James Barrett은 이렇게 설명한다. "우리의 주요 목표 중 하나는 고고학 발굴 현장에서 나온 물고기 뼈를 이용해서 어업의 성쇠를 도표로 나타내는 것입니다." 과학자들의 궁극적인 목표는 인류가 북유럽과 서유럽에서 해양 생태계에 얼마나 오랫동안 영향을 미쳐왔는지를 정확하게 밝혀낼 수 있을지 알아보는 것이다. 이 작업을 하면서 수많은 의문이 떠올랐다. 어느 한 어업의 기원을 밝혀내려면 시간을 얼마나 거슬러 올라가 어떤 규모로 연구를 해야 하는가도 해결해야 할 의문이었다. 어떤 생물 종을 상대로 어업을 하였고 어업을 한 사람들은 누구이고 언제, 어디서, 어느 시장을 상대로 어업을 했는지 등의 기본적인 질문조차도 많은 과제를 던져주었다.

어떤 물고기를 잡아서 거래했는지 분석해서 나온 정보를 바탕으로 이를 더욱 보강하기 위해 과학자들은 물고기 뼈 단백질에서 안정동위원소를 측정하는 일에 착수했다(동위원소는 원자번호가 같지만 원자핵 속의 중성자 수가 다른 원소를 말한다). 단백질은 뼈 속에서 수천 년이 지난 후에도 남아 있기 때문에 고대의 물고기 뼈를 살펴보면, 그 고기가 무엇을 먹었는지 그리고 무엇이 그 고기를 잡아먹었는지를 알 수 있다. 과학자들은 이것을 '영양 역사trophic history'라 부른다. 먹이망의 최상부를 차지하고 있는 커다란

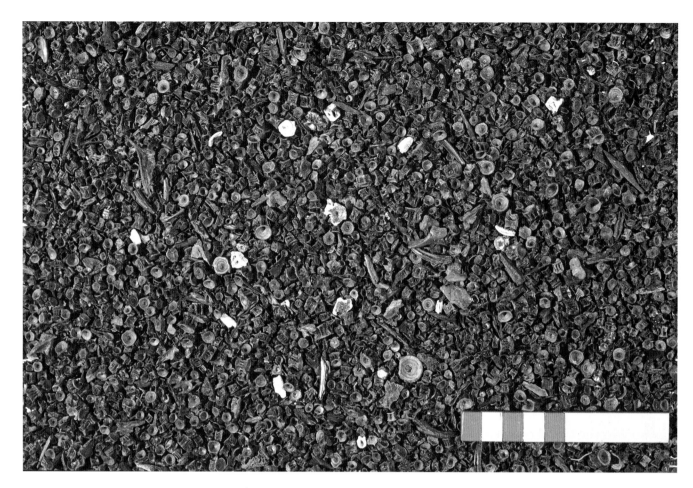

위: 이 사진에 나와 있는 많은 생선 뼈들을 덴마크 마글레모제가르Maglemosegaard 발굴 현장 1평방미터에서 나온 생선 뼈의 일부에 지나지 않는다. 1만 2,784개의 생선 뼈 중 대략 48퍼센트 정도가 대구속의 어류들이었고, 대구가 주된 어종이었다(빨간색 칸의 넓이는 1센티미터).

오른쪽: 이 척추골들은 덴마크 크라베스홀름Krabbes-holm의 석기시대 사람들이 잡아먹었던 멸치에서 나온 것이다. 비교를 위해서 두 개의 척추골을 연결해서 보여주고 있다(오른쪽 위에 있는 선의 길이는 1센티미터).

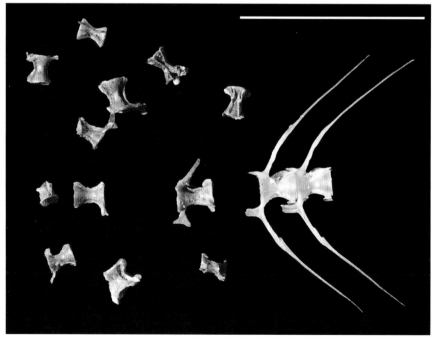

물고기들은 그 아래에 있는 작은 고기들과는 다른 동위원소 흔적을 지니고 있기 때문에 물고기 뼈에 남아 있는 단백질의 특성을 통해서 과학자는 그 고기가 먹이망에서 어느 위치를 차지하고 있었는지 판단할 수 있다.

제임스 배릿과 그의 팀 연구자들은 여러 사회들이 언제부터 물고기를 잡았고, 고기가 잡힌 곳은 어디고, 옛날에도 부영양화가 일어난 적이 있는지 등을 이 기술을 이용해서 조사하고 있다. 옛날 사람들이 어떻게 물고기를 잡았는지를 연구함으로써 과학자들은 특정 지역의 자연적인 생태계 변동은 무엇이었고, 인간의 활동으로 생긴 변화는 무엇이었는지를 더 잘 이해할 수 있기를 바라고 있다.

지구 온난화의 영향

지구 온난화가 해양 어종에 어떤 영향을 미치고 있는지를 이해하기 위해서 덴마크 자연사 박물관과 코펜하겐 대학의 잉게 보드카 엥고프Inge Bødker Enghoff는 개체조사팀 동료 브라이언 매켄지와 덴마크 공과대학교에서 온 에이나르 에그 닐센Einar Eg Nielsen과 팀을 이루어 선사시대 가장 기온이 높았던 BC 7000년에서 3900년 무렵, 대서양의 어류군이 어땠는지를 조사했다. 덴마크 고고학 퇴적물에서 찾아낸 그 시기의 물고기 뼈 10만 8,000개를 대상으로 작업해서 연구자들은 몇몇 종들을 찾아냈는데, 예를 들면 멸치, 감성돔 등이었다. 이 어종들은 비스케이 만이나 지중해같이 훨씬 남쪽의 따뜻한 바다에서 주로 나타나는 것들이었다. 이 종들은 기온이 내려가면서 고고학 자료에서 사라졌지만, 덴마크 주변 바다의 수온이 오르자 지난 10년에서 15년 동안 연구탐사선 조사 자료에 다시 등장하고, 어업활동 중에도 다시 잡히기 시작했다. 온수 어종이 재등장한 것을 볼 때, 기후 변화가 계속되어 기온이 오르면 미래에 어종이 어떻게 분포하게 될지 예측하는 데 고고학 정보들이 유용하다고 밝혀질지도 모른다.

어장 관리

다방면의 전문분야를 포괄하는 혁신적인 연구 기술은 해양동물의 개체 수를 역사적으로 추정하는 것을 가능하게 하기도 했지만 현재와 미래의 어장자원 관리에서도 의미하는 바가 크다. 일례로 개체조사팀 연구자인 앤드루 로젠버그Andrew A. Rosenberg와 뉴햄프셔 대학교의 그의 동료들이 이룬 작업을 들 수 있다. 그들은 노바스코샤 주 연안의 대구 개체 수의 감소를 추적하여 보고하는 쉽지 않은 과업을 맡았는데, 그 결과 과거의 어류자원 수준이 현재의 어장 관리를 혁신하는 데 중요한 의미를 가질 수 있음을 발견했다. 어획 기록과 19세기의 어획일지 관찰 내용에 최신 모델링 도구를 사용해서 로젠버그 팀은 노바스코샤 대륙붕의 초기 대구 개체 수의 추정치를 계산했다. 대구는 이 수역 생태계에서 우점종이었으나 그 생물량은 96퍼센트나 곤두박질치고 말았다. 남북전쟁 이전에 어업을 했던 작은 스쿠너선 열여섯 척이 잡아 올린 어획량이 2005년에 노바스코샤 대륙붕에 살고 있을 것으로 추정되는 모든 대구 성어의 양과 맞먹을 정도이다.

현재 노바스코샤 대륙붕의 대구 생물량은 5만 톤 이하로 추정되는 반면, 연구자들이 어류자원량 평가를 위해 개발한 개량 계산 모델을 사용해서 추정한 결과 1852년의 노바스코샤 대륙붕 대구 생물량은 126만 톤에 달했던 것으로 추정되었다. 로젠버그는 이 값도 사실 '대단히 보수적으로 낮게 잡은 추정치'라고 강조한다. 더욱이 1850년대에 사용한 낚시 바늘의 크기를 생각해 보면 어린 대구가 잡혔을 가능성은 매우 낮기 때문에 스쿠너선에서 잡아올린 대구는 대부분 성어였을 것이다. 오늘날 대구 성어의 생물량은 3,000톤일 것으로 추정하고 있는데, 이것은 노바스코샤 대륙붕 전체 대구 생물량의 6퍼센트에 지나지 않는다.

'생산적인 해양 환경에서 대구자원을 복구하면 이 정도일 것이다'라고 일반적으로 통하는 상식이 있었지만, 이렇게 150년에 걸친 관점으로 바라보니 이런 상식에 의문이 든다고 로젠버그는 말한다. 오늘날 노바스코샤 대륙붕의 대구 성어 생물량은 아무리 높게 잡아도 1855년에 매사추세츠 베벌리Beverly 지역에서 온 스쿠너선

1920년경에 나온 우편엽서에서 보이는 이 전복껍데기 무더기는 기준선 변화의 실상을 잘 드러낸다.

ABALONE SHELLS, SANTA BARBARA, CAL.

마흔세 척이 잡아들인 어획량의 38퍼센트에 불과하다. 대구 어장과 다른 어장들을 재건하려고 노력 중인데, 현재의 관리 목표를 수립할 때는 과거의 잠재적인 자원량도 함께 고려해야 한다고 로젠버그는 주장한다.

새로운 연구 분야를 개척하다

어업의 역사에 대해서 새로운 방식으로 개념을 잡고 조사하다 보니 새로운 학문 분야가 탄생하게 되었다. 개체조사팀 과학자들의 획기적인 연구 결과 덕분에 덴마크 로스킬데 대학교, 미국 뉴햄프셔 대학교, 영국의 헐 대학교 등 세 곳에 해양 환경 역사 연구센터가 새로 설립된 것이다. 이 연구소들은 해양생물 개체조사팀의 역사 연구 부문을 조정하는 중심기관으로 활동한다. 이들은 연구의 초점을 유지하고 우선적으로 수행해야 할 연구 과제들을 확인해서 후원, 실천하는 역할을 하고, 이들 각각의 연구들이 함께 진행될 수 있게 한다. 또한 이들 연구소에서는 대학원생들에게 생태학, 역사학, 고생물학 등 여러 전문분야가 공동으로 연구를 진행하는 방법을 교육해서 과거 생태계의 풍요로움을 밝히고, 그것이 현재의 수산자원 관리 방법을 결정하고 미래의 해양 정책을 수립하는 데 영향을 미치도록 노력한다.

해양생물 개체조사 연구가 과거 전 세계 바다에 살았던 생물들에 대한 지식과 해양동물의 개체 수에 영향을 미친 요인들에 대한 지식을 넓혀왔음은 의심의 여지가 없다. 이 연구 작업을 통해서 인류의 역사에서 해양자원의 역할이 어떠했는지에 대해 더욱 잘 이해하게 되었다. 또한 복잡한 과학적 질문을 해결하는 데 있어서 다방면의 전문분야가 공동으로 팀을 꾸려서 연구를 진행하는 것이 어떤 장점이 있는지를 보여주어, 이 포괄적 접근은 새로운 과학 연구 진행 방법의 길을 넓혀놓았다. 그리고 개체조사팀은 해양생물 종과 생태계의 역사적 기준선을 마련함으로써 과거 생태계가 건강했을 때의 개체 수와 분포 그리고 다양성의 수준이 어땠는지를 알려주고, 그를 바탕으로 신뢰할 만한 목표를 세울 수 있게 해줌으로써 고갈될 위기에 처한 해양자원의 회복을 돕게 되었다. 아마도 이것이 여러 업적 중에서도 가장 중요한 것일 것이다. 마지막으로, 역사 연구를 통해 과거의 사람들이 바다 근처에 살면서 거기서 일하고 바다의 혜택을 누렸던 다양한 방식들을 살펴볼 수 있다. 유례를 찾을 수 없는 환경의 변화를 겪고 있는 이 시대에 바다를 파괴하지 않는 희망적인 대안을 제공해 줄 수 있는 그런 문화적 모델의 중요성은 날로 커지고 있다.

사라져가는 참치의 비밀을 풀다

덴마크공과대학교에 근무하는 개체조사팀 연구자 브라이언 매켄지는 북대서양 여러 지역의 참치 개체 수가 역사적으로 어떤 변화를 거쳐 왔는지에 연구 초점을 두고 마치 사립 탐정처럼 연구를 진행했다. 어획 기록이나 신문 기사, 혹은 오래된 스포츠 낚시 잡지 등을 끈질기게 파고든 끝에 그는 지금 현재는 더 이상 참치가 살지 않는 곳에서도 한때는 대단히 많은 참치들이 살고 있었음을 알아냈다. "우연히 1949년에 쓰인 덴마크 바다의 참치에 대한 책을 보게 되었습니다. 그 당시는 참치 어업과 스포츠 낚시가 자리 잡던 시기죠. 순전히 호기심 때문에 그 책을 읽기 시작했는데, 그 속에 중요한 이야기들이 숨겨져 있다는 것을 알게 되었죠. 그 책에는 무게가 200킬로그램이나 나가고, 길이도 2미터가 넘는 참치에 대한 보고가 들어 있

었습니다. 요즘의 덴마크 연안에서는 이런 것을 찾아볼 수 없습니다."

1937년 무렵 이후로 덴마크 정부는 상업적 어획에 대한 보고서를 요구하기 시작했고, 어획량에 대한 최소한의 정보를 바탕으로 통계를 냈다. 그중에는 가끔 참치의 크기에 대한 자료들도 섞여 있었다. 덴마크에 대한 자료들을 모두 살펴본 이후에 매켄지는 어획량이 덴마크보다 다섯 배에서 열 배 정도 컸던 노르웨이 등 다른 나라들로 연구 범위를 넓혔다. 노르웨이 정부는 참치의 길이, 무게뿐만 아니라 척추의 나이테에서 얻은 연령 정보에 이르기까지 더욱 광범위한 자료를 축적하고 있었다. 이런 자료의 축적은 참치 어업 규모가 눈에 띄게 줄어들기 시작한 1960년대까지 이어졌다.

20세기 초반에는 북유럽 바다에 참치가 풍부했고, 유럽의 어시장들은 경매에 올라온 상당히 큰 참치로 가득 찼다. 사진 앞쪽에 나온 열한 마리의 참치는 1910년에 독일 어부들이 하루 만에 잡아 올린 것들이다.

이 만선의 배를 보면 알 수 있듯이, 1950년대 말까지 북유럽 바다는 거대한 대서양 참치로 가득했다.

1930년대에서 1950년대 초기까지 나온 공식적, 비공식적 정부 보고서 정보에 초점을 맞추고 난 이후에 매켄지는 수산업협회 보고서같이 더 오래되고 비공식적인 자료로 초점을 움직였다. 그는 언제, 어디서 어떻게 참치가 군집을 이루고 잡혔는지에 대한 정보들을 모아 퍼즐조각 맞추듯 맞췄다.

매켄지는 개제소사팀 농료로 해양농불 개체 수의 미래에 대해 연구하고 있던 댈하우지 대학교의 고故 랜섬 마이어스Ransom A. Myers와 팀을 짰다. 매켄지와 마이어스는 각자의 연구 영역을 통합하고 통계적 모델링 기법을 적용해서, 1900년대 초 북유럽 바다에 풍부했던 참치의 개체 수에 관한 논문을 2007년에 발표했다. 이 참치들은 보통 수천 마리씩 떼를 이루어 6월에 북유럽 바다에 도착해서 늦게는 10월까지 머물다가 떠났다. 먹잇감을 찾아다니는 참치의 여행은 계절적 온난화의 영향과 연관되었던

것으로 보인다.

1920년대에는 산업화된 어업이 등장했다. 참치 어획량이 대단히 증가했고 수요도 증가했다. 참치 어획 방법이 개선되면서 스포츠 낚시와 연관 산업의 발달을 촉진했다. 한 보고에 따르면 1928년에 한 스포츠 낚시꾼이 덴마크의 안홀트 섬 근처에서 하루에 참치 예순두 마리를 잡았다고 한다. 이렇게 고기가 쉽게 잡히다 보니 스포츠 낚시꾼 사이에서 참치 낚시가 인기를 끌기 시작했고, 이런 소식은 영국, 노르웨이와 다른 북유럽 국가들로 빠르게 퍼져 나갔다. 한때는 보잘것없던 이 어업 분야가 새로 인기를 끌게 되었음을 보여주는 한 예가 바로 '스칸디나비아 참치 클럽'이었다. 이 클럽은 1960년대 초까지 덴마크와 스웨덴 사이의 해협에서 참치 낚시 경연대회를 주최했다.

재미나 돈벌이를 목적으로 참치 잡이가 붐을 이루자 대서양 참치 한 세대가 거의 씨가 마르고 말았다. 1930년

대 후반에서 1960년대 중반에 이르기까지 폭발적으로 늘어난 참치 잡이 덕분에 결국 참치 어장은 붕괴되고 이들 바다에서는 참치를 찾아보기 힘들게 되고 말았다.

매켄지와 그 동료들은 자극을 받아 연구 영역을 넓혔다. 그리고 그들은 북유럽 지역 참치 어장의 성쇠가 다른 지역에서도 반복되었다는 것을 알게 되었다. 브라질과 북부 아르헨티나 연안에는 1950년대 말부터 1960년대 초까지 참치 어장이 형성되다가 붕괴되고 말았으며, 흑해의 참치 어장은 1986년에 끝장을 보고 말았다. 이런 연구 결과에 자극을 받아 매켄지는 연구에 더욱 박차를 가했다. 오늘날 그는 바다의 수온, 먹잇감, 물의 순환과 같은 환경적인 변수들과 어업이 참치의 이동과 먹이활동에 영향을 미치는 특정 영역에서 참치의 존재 여부에 어떻게 영향을 미치는지를 분석하고 있다. 매켄지 팀은 참치 개체 수에 무슨 일이 있었는지를 정확히 알아내서, 그런 개체 수 감소가 다시 일어나지 않게 막을 수 있는 변화를 이끌어내는 것을 목표로 하고 있다.

참치 연대기

1910년 이전

1910년 이전에는 북유럽에서 참치를 잡았던 경우가 거의 없었고, 연안에서 참치를 목격하는 것도 대단한 사건이었다. 1903년에는 2.7미터짜리 참치 한 마리가 독일 해안으로 밀려온 적이 있었다. 하지만 고고학적 증거들을 살펴보면 덴마크와 노르웨이에서는 1400년대와 1600년대에

제1차 세계대전 이후에는 참치가 북유럽 바다에 대단히 풍부했기 때문에 스포츠 낚시 산업이 활발해졌다.

그리고 심지어는 수천 년 전인 대략 BC 7000년에서 3900년대 사이에도 참치가 잡혔음을 알 수 있다.

1910년에서 1920년대까지

훨씬 나아진 노하우와 작살총, 유압식 어망 거중기 등의 장비 덕분에 북유럽 어부들은 참치를 점차 많이 잡아내기 시작했다. 1915년에는 스웨덴 예테보리에서만 거의 8,000마리의 참치를 잡아냈다. 1920년대에 잡아 올린 참치들은 무게가 40킬로그램짜리부터 700킬로그램에 이르는 거대한 놈까지 다양했으며, 평균 무게는 50에서 100킬로그램 정도였다. 1920년대에는 북해에 있는 프랑스 참치 어부들의 본거지 항구였던 볼로뉴에서도 참치 잡이가 절정에 이르렀다. 1929년에 덴마크는 최초의 참치 통조림 공장을 지었으며, 이것은 산업적 어류 가공의 시작을 알리는 이정표가 되었다.

1940년에서 1950년대까지

노르웨이, 덴마크, 스웨덴, 독일 같은 참치 어업 국가들의 경우 1910년에는 사실상 참치 어획량이 전무했으나 1949년에 가서는 이들 나라가 보고한 어획량의 총합이 거의 5,500톤에 이르렀다. 북유럽 선박들이 기록으로 남긴 참치 어획량은 1940년대에 꾸준히 늘었고, 1940년대가 끝날 무렵에는 참치 어획량이 지중해 전통 어업의 어획량에 근접했다. 1949년에는 노르웨이의 참치 어선의 숫자는 마흔세 척이었으나, 그 다음 해에는 200척으로 늘었다. 1950년대 초기에 노르웨이의 어획량은 잠깐 동안 연간 1만 톤을 넘기도 했다.

참치가 대단히 크고 풍부했기 때문에 첨단 낚시 장비가 없어도 대어가 흔히 잡혔다.

제2부

바다에는 무엇이 살고 있나

위: Benthoctopus속의 새로운 문어 종이 잠수정 앨빈 호의 로봇 팔에 붙어 있다. 이 문어는 멕시코 만에서 채집되었다.

74~75쪽: 해파리Chrysaora melanaster 한 마리가 해양생물 개체조사 탐사 지역 중 하나인 고위도 북극해의 캐나다 해저분지 바다를 가르며 헤엄치고 있다.

제3장
폭넓은 기술 사용

우리는 해수면에 떠다니는 작은 식물부터 대양을 가로지르는 거대한 고래까지, 파도 위를 나는 새와 물속을 헤엄치는 물고기 그리고 바다에서 헤엄치며 떠다니는 모든 종류의 무척추동물까지 전부 다 연구했습니다. 우리는 또한 바다 계곡 밑바닥부터 대서양 중앙해령 해저산 정상에 이르기까지 해저를 샅샅이 조사해서 바다 밑바닥에 들어가 살거나 그 위에 붙어서 사는 혹은 그 바닥 바로 위에서 사는 동물들을 조사했습니다. 이 모든 것을 해내려 우리는 극지 궤도를 도는 인공위성에서 해저 극한의 깊이에서 작동하는 특수 장비에 이르기까지, 말 그대로 최첨단의 다양한 기술을 사용해야 했습니다. 이런 기술을 사용해서 오늘은 또 어떤 바다의 신비를 파헤치게 될까 기다리다 보면 정말 설렙니다.

— 비르키르 바르다슨Birkir Bardarson
원양생태연구회, 세인트앤드루스 대학교,
대서양 중앙해령으로 향하는 MAR-ECO 순항선 위에서

바다 구석구석을 여행하고 조사하는 일은 우주를 여행하고 조사하는 것과 비슷하다. 양쪽 모두 복잡한 기술이 필요하고, 극한의 환경을 찾아갔다가 다시 돌아올 수 있는 획기적인 방법을 고안해야 하고, 일단 그런 환경에 가서는 기존에 탐험해 보지 않은 영역들을 조사할 대담한 용기도 있어야 한다. 우주 탐사와 마찬가지로 해양생물 개체조사 사업도 다양한 기술과 정밀한 장비가 없었다면, 그리고 과학자와 기술자들이 새로운 관찰 방법, 표본조사 방법을 개발하여 전 세계 바다생물에 대한 이해를 증진시킬 새로운 방법을 찾아내겠다는 의지를 불태우며 서로 협력하지 않았다면 불가능했을 것이다.

개체조사팀 과학자들은 수면에서 해저까지, 남극에서 북극까지 전 세계 바다에서 표본을 조사해야 하는 엄청난 과업을 수행하기 위해서 과거에 시도했던 방법들을 사용하기도 하고, 눈앞의 문제를 해결할 적당한 방법이 없으면 새로운 기술을 개발하기도 하는 등 이 책에 소개된 거의 모든 방법을 사용하고 있다. 기술의 발전

우주를 걷고 있는 것일까? 아니면 깊은 바다로 잠수해 들어간 것일까? 심해를 조사하는 이 연구자의 사진을 보면 우주여행이나 심해 작업이나 그리 달라 보이지 않는다. 대기압 잠수복이라고 불리는 이 특수 잠수복으로 보호하지 않으면 이런 작업은 불가능했을 것이다.

덕분에 기존에 연구가 이루어진 영역에 대해서도 마찬가지로 새롭게 이해를 넓혀가고 있다. 우리가 아는 것은 무엇이고, 모르는 것은 무엇이며, 알아내지 못할 가능성이 큰 것은 무엇인지를 확인하는 일은 해양생물 개체조사팀의 발견을 뒷받침하고 있는 사람들의 능력, 창조성 그리고 끈기가 없었다면 불가능했을 것이다.

조사 지역까지는 어떻게 갈까

직접 가서 관찰하고 표본을 조사하는 것은 개체조사에서 가장 기본적인 일이다. 이를 위해서 과학자들은 바다 심층부까지 직접 찾아가야 한다. 그래서 개체조사팀 과학자들은 몇몇 서로 다른 종류의 운송 수단을 이용하고 있다. 크고 작은 연구선들이 그들의 통근 기차 역할을 하고 있다. 가까운 바다 작업용으로 사용하는 작은 배부터 몇 달씩 바다에 머물면서 광활한 대양을 가로지를 수 있는 대형 선박에 이르기까지

쇄빙선인 폴라슈테른은 남극의 얼음 위로 연구 장비를 실어다 준다. 이 특수 연구선 덕분에 예전에는 갈 수 없었던 지역에서도 연구를 할 수 있게 되었다.

연구 지역에 도달하기 위해서라면 무엇이든 사용한다. 연구선들은 보통 다양한 표본조사 기구와 조사 장비들을 싣고 다니며, 대부분은 해양 연구를 위한 이동식 연구실 역할을 하고 있는 실험실이 안에 있어서 항해 중에 얻은 재료들은 그 자리에서 바로 분석을 시작할 수가 있다. 성능이 더 좋은 일부 선박들은 특수 제작된 디젤 발전기 엔진이 있어서 물고기나 해양포유동물을 놀라게 하는 소음을 최소로 할 수 있다. 해양생물 개체조사팀에는 다양한 연구선이 있는데, 그중에는 얼어붙은 해양 서식지로 연구자들을 데려다주는 일을 전문으로 하는 쇄빙선들도 있다.

연구선을 타고 연구 장소까지 찾아갔다 하더라도 그것은 자연 상태 그대로의 해양생물들을 관찰하고 표본을 조사하는 작업의 시작 단계에 불과하다. 일부 지역에서는 바다 밑바닥에 도달하기 위해서 종종 연구선에 싣고 간 유인 잠수정을 사용하기도 한다. 이들 잠수정은 작고 단단하며 자체적으로 작동하지만, 바다 위에 떠 있는 연구선의 지원을 받아야 한다. 우리에게 익숙한 군용 잠수함과는 달리 연구용 잠수정은 보통 전력 공급이나 생명유지 성능이 제한적이다. 이 잠수정은 보통 짧은 시간 잠수해서 과학 자료와 표본을 신속하게 채집하기 위한 목적으로 설계한 것들이다. 하지만 어떤 경우에는 군용 잠수함을 해양학 연구 목적으로 개조한 경우도 있다. 쓸모 있게 잘 사용했던 유명한 유인 잠수정을 들자면, 미국의 앨빈Alvin 호와 존슨 씨링크Johnson Sealink 호, 러시아의 미르Mir 호 등이 있다. 개체조사팀은 또한 프랑스의 노틸Nautile 호의 덕도 많이 보고 있다.

유인 잠수정에서 작업하려면 끈기도 있어야 하고, 폐쇄된 좁은 공간에 오랫동안 머물 수 있는 능력도 필요하다. 이런 잠수정은 일어설 수도 없을 만큼 좁고, 연구 장소로 잠수해 내려갔다가 다시 수면으로 돌아오는 데 걸리는 시간도 길기 때문에 작업이 고되다. 광대한 심해를 시야가 좁은 잠수정으로 조사해야 하는 어려움을 생각해 보면, 지금까지 알려진 발견들은 기적이라고 해도 과언이 아닐 것이다. 이

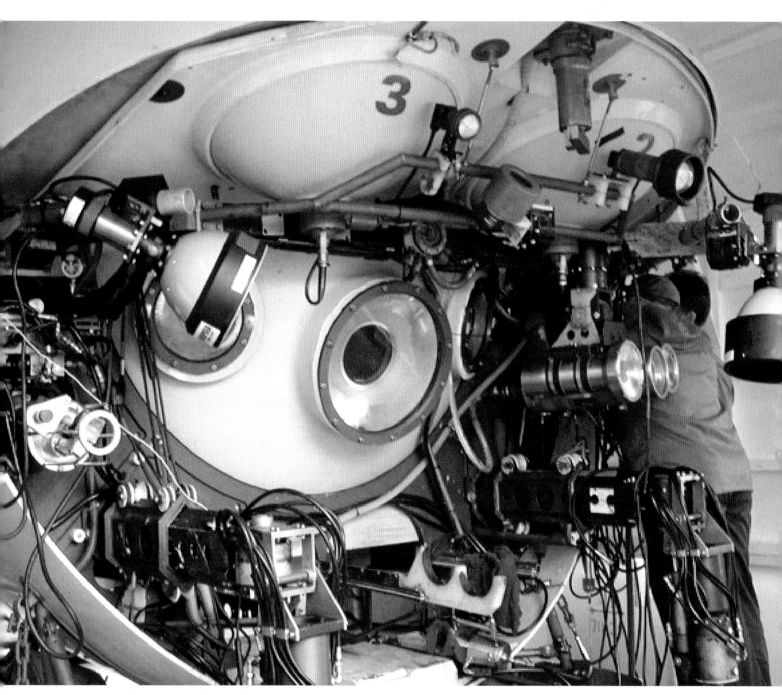

러시아 잠수정 미르의 앞쪽에는 다양한 채집 장비와 관찰 장비들이 모여 있다.

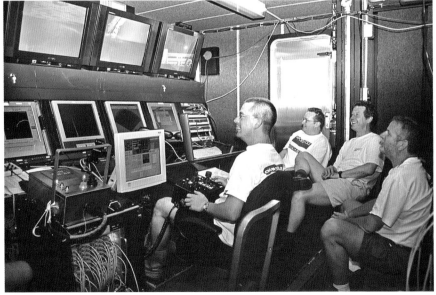

위: 영국의 원격조정 잠수정인 이시스Isis 호를 연구선 뒤쪽에서 잠수시키고 있다.

왼쪽: 조종사와 과학자들이 원격조정 잠수정 이시스 호를 연구선 통제실에서 조정하고 있다.

런 어려움에도 불구하고, 해양과학자들은 좁은 잠수정에 웅크리고 앉아 작고 둥근 창을 통해 흐릿한 조명 아래 심연을 응시하면서, 1970년대 말의 열수공 발견과 같은 혁명적인 성과들을 이루어냈다.

유인 잠수정은 해양과학 연구에 대단히 중요하기는 하지만 가장 깊은 바다 영역까지는 도달하지 못한다. 또한 운영에 비용이 많이 들고, 원격조정 무인 잠수정처럼 다재다능하게 오랜 시간 작업하지 못한다. 원격조정 잠수정ROV, Remotely Operated Vehicle은 사람의 목숨을 위험에 내맡길 필요 없이 비용과 시간, 노력을 훨씬 덜 들이고도 더 깊은 바다에서 생물체들을 연구하고 채집할 수 있는 기회를 마련해 준다. 원격조정 잠수정은 가장 깊은 심해 생태계의 생물 다양성을 연구하는 가장 중요한 도구 중 하나로 자리 잡고 있으며, 개체조사 연구의 핵심 기술이기도 하다. 원격조정 잠수정은 수면 위의 주 연구선과 공급선線으로 연결되어 있으며, 이것을 통해 과학자들은 원격조정 잠수정을 수중에서 조정할 수 있다. 이 공급선은 또한 사실상 거의 무한한 전력을 공급해 줄 수 있으며 원격조정 잠수정의 센서에 잡힌 데이터와 동영상을 주 연구선의 통제실로 보내준다.

원격조정 잠수정과 마찬가지로 자동 무인 잠수정AUV, Autonomous Underwater Vehicle도 쓸모가 많은 탐사용 무인 잠수정이다. 원격조정 잠수정과 마찬가지로 자동 무인 잠수정도 유인 잠수정보다 훨씬 적은 비용과 노력을 들이고도 더 오랫동안, 더 깊은 곳까지 갈 수 있다. 자동장치라 연구선에 묶여 있지 않기 때문에 이 잠수정은 수면에 떠 있는 연구선에서 계속해서 직접 조정하지 않아도 알아서 작동해 표본을 채집하고 자료를 얻을 수 있다는 추가적인 장점이 있다. 자동 무인 잠수정은 내부 컴퓨터의 명령에 따라 작동하기도 하고, 임무를 수행하기 전에 미리 잠수정의 통제 시스템에 입력해 놓은 변수 파일을 따라 작동하기도 한다. 자동 무인 잠수정에는 카메라 장비와 해양학 관련 센서 꾸러미를 달 수 있어서 잠수정이 다른 일을 수행하고 있는 동안에도 과학자들은 직접 잠수정을 조정할 필요 없이 넓은 바다 속을 관찰하고 평가할 수 있기 때문에 시간이 절약된다.

개체조사팀 과학자들이 사용하는 세 번째 형태의 무인 잠수정은 심해 예인선DTV, Deep-Towed Vehicle이다. 이 심해 예인선은 연구선이 바다를 가로질러 가는 동안 뒤에 매달려 끌려온다. 심해 예인선은 원격조정 잠수정이나 자동 무인 잠수정보다 간단하지만 바다의 생물학적, 화학적, 물리적 측면들을 측정할 수 있는 다양한 해양학 장비들을 실을 수 있기 때문에 유용하다. 심해 예인선의 종류는 다양하며, 비디오 플랑크톤 계산기video plankton counter나 비슷한 장치를 설치할 수 있는 이동 선박용 관측기MVP, Moving Vessel Profiler도 여기 들어간다. 심해 예인선을 사용하는 데 따르는 한

해저 지형 측량에 이용하는 클라인 3000 디지털 이중주파수 측면주사 음파탐지기|Klein 3000 digital dual-frequency side-scan sonar

가지 이점은 수온이나 유속 등을 기록할 수 있는 외부 센서를 장착할 수 있다는 점이다. 예를 들어, 열수공을 연구하는 개체조사 현장조사 사업팀이 사용하는 심해 예인선 브리짓Bridget 호는 열수공에서 나오는, 광물과 화합물이 풍부한 물기둥을 연구하기 위해 해저에서 마치 요요처럼 위아래로 움직인다.

소리로 바다 속을 보다

서로 다른 많은 영역과 서식처에서 종의 분포와 밀도를 정량적으로 측정하려는 개체조사팀의 목표를 이루려면 표본을 관찰해서 수집하고, 그 생물이 사는 환경에 대한 자료를 기록해 두어야 한다. 이 일은 직접 표본을 조사하고 음향 측정법, 화학 측정법, 광학 측정법을 사용하면 가능하다. 워낙 넓은 바다를 대상으로 이런 목표를 이루려다 보니 그것은 혁신적 기술을 다양하게 개발하도록 자극하는 계기가 되었다.

측면주사 음파탐지기side-scan sonar는 과학자들이 바다를 '보기' 위해 사용하는 음향 기술의 일종이다. 이 기술은 해저 지형을 측량하고 어군을 탐지하는 기술로 자리 잡고 있다. 배나 배가 끌고 가는 장치에서 발사되는 음파는 살아 있는 생물이든, 해저 지형이든 어떤 물체에 부딪히면 반사되어 배로 돌아온다. 그러면 장비가 이 신호를 영상으로 변환한다. 사람만 음파탐지기를 사용하는 것은 아니다. 생물학자

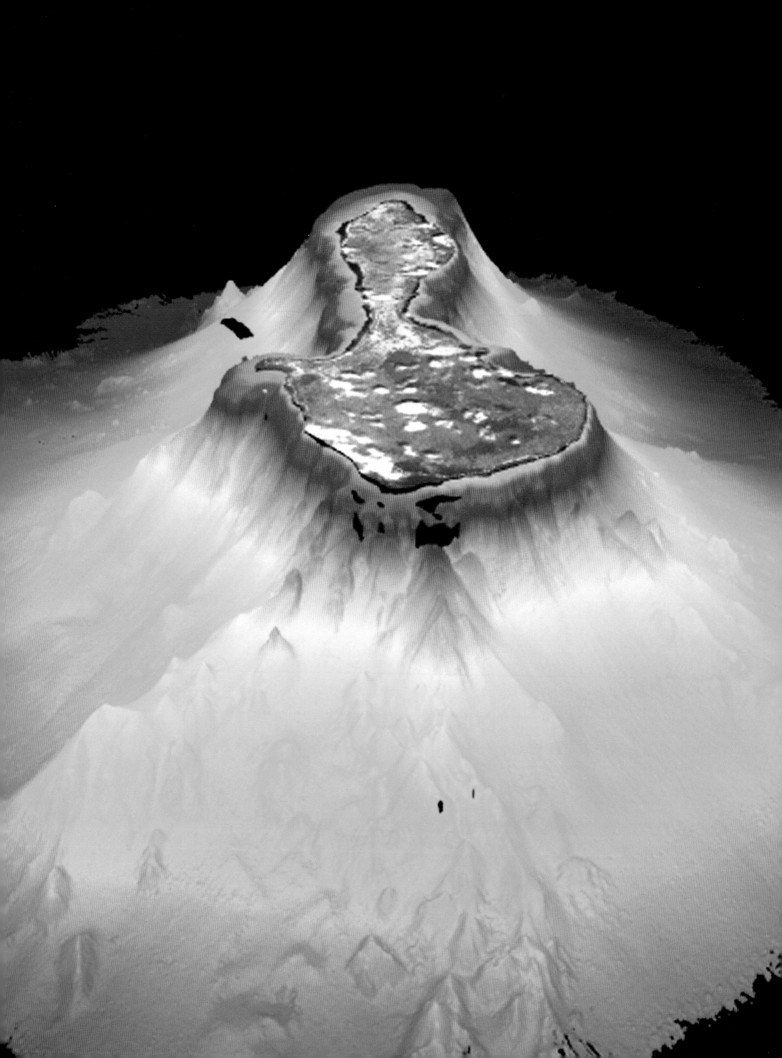

들은 돌고래와 박쥐 등 많은 동물 종들이 먹잇감을 찾고 길을 찾는 데 반향정위反響
定位, echolocation라는 일종의 천연 음파탐지기를 사용한다는 사실을 밝혀냈다.

개체조사팀 과학자들은 표준 음향측심기standard echo sounder 및 다중주파수 음향측
심기multi-frequency echo sounder, 혹은 다중반사 음향측심기multibeam sonar라고 불리는 좀
더 정교한 음향탐지 장치를 이용해서 플랑크톤이나 어류 개체군의 크기를 판별하고
있다. 음향측심기는 종을 구분하는 데도 사용한다. 어류들은 종에 따라서 음향 주파
수에 다르게 반응하고 반사되는 음향신호도 다르기 때문에 이런 음향 기술을 사용하
면 수중 동물의 영상을 성공적으로 얻을 가능성도 그만큼 커진다. 다중반사 음향측
심기를 사용한 덕에 뛰어난 자료들을 많이 얻어낼 수 있었고, 장래의 이용 전망도 대
단히 밝다. 예를 들어, 뉴저지 연안에서 진행한 한 개체조사 연구에서 개체조사팀 과
학자들은 2,000만 마리의 청어 떼를 발견하기도 했다. 이것은 대략 맨해튼 섬의 크기
와 맞먹는다.

광학 기술의 발달

음향 기술과 더불어 광학 기술의 발달로 상대적으로 비용을 덜 들이고도 효과적으
로 넓은 영역에서 원양 자유유영 생물의 표본을 조사할 수 있는 방법들이 생겨났
다. 그중 하나가 비디오 플랑크톤 녹화기VPR, Video Plankton Recorder로, 예인되는 상자
가 바닷물을 비디오카메라 앞으로 흘려보내면 카메라가 계속적으로, 혹은 미리 정
해 놓은 시간 동안 영상을 녹화하는 방식이다. 비디오 플랑크톤 녹화기는 해상도를
다르게 설정해서 작게는 육안식별이 가능한 정도 크기의 규조류까지 다양한 플랑
크톤을 녹화할 수 있지만, 요각류나 다양한 해양생물의 유생 등 그보다 큰 동물성
플랑크톤의 영상을 촬영하는 데 가장 이상적이다. 비디오 플랑크톤 녹화기는 연구
선을 이용해서 예인할 수도 있고, 넓은 대양을 가로지르는 상업 화물선을 이용해
예인해도 된다. 메인 만을 조사하고 있는 개체조사 사업팀에 의해서 이 녹화기의
성능은 계속 향상되고 있다.

엄청나게 깊은 바다 밑바닥에 살고 있는 생물들에 대해서는 아직 모르는 것이
많지만, 개체조사팀 과학자들이 사용하고 있는 다른 형태의 기술 덕에 이런 상황에
도 변화가 올 것 같다. 자동 해저착륙기ALV, Autonomous Lander Vehicle는 최고 수심 6,000
미터의 해저까지 내려가 해양생물을 저속촬영으로 기록할 수 있도록 고안한 장치
다. 자동 해저착륙기 기술은 심해 해저생물의 분포와 개체 수 그리고 생활방식을 이
해하는 데 매우 값진 도구임이 증명되고 있다. 자동 해저착륙기는 기본적으로 금속

84쪽: 이 그림은 태평양의 마리아나 제도의 일부인
파간Pagan 섬을 3차원적으로 형상화한 것으로, 2007
년에 다중반사 음향측심기를 사용해서 수집한 자료
로 만든 것이다. 그림을 보면 섬 남쪽 해안에서부터
는 암붕岩棚이 길게 뻗어 나오는 것이 보이지만, 다른
곳에서는 급한 경사면을 이루면서 수심 700미터나
그 이상 깊은 해저로 가파르게 내려가는 것을 볼 수
있다. 이것은 중력사면 이동(토양과 암석 등이 중력에 의해서
경사면 아래로 움직이는 현상_옮긴이)과 침식이 일어나고 있다
는 증거다.

골격으로 만들어져 전도성, 온도, 수심, 유속 등의 물리적 특성들을 측정하는 과학 장비들을 장착할 수 있게 설계되었다. 고해상도 촬영 장비를 장착하면 이 착륙기는 며칠에서 몇 달 동안 어디든 머물면서 저속촬영 영상을 자동으로 기록할 수 있다. 모든 착륙기는 부력이 있기 때문에 임무를 수행하고 나면 연구선에서 오는 음향신호를 따라 무게를 벗어버리고 수면 위로 떠오른다. 이 기술은 대서양 중앙해령을 연구하는 개체조사 사업팀이 광범위하게 사용했고 결과도 훌륭했다.

표본 채집

앞서 설명한 기술들은 과학자들이 생물을 관찰하고 개체 수를 셀 수 있게 도와주는 것들이지만, 때때로 연구자들은 실제 표본을 직접 채집할 필요가 있다. 예를 들어, 기존에 알려지지 않은 생물을 발견했다면 이 종의 표본들을 채집해야만 공식적으로 종을 식별해서 이름을 붙여줄 수 있다. 특정 지역에서 어떤 생물을 발견하게 될지 모를 때는 시간과 비용을 투자해 더 정밀한 탐사 장비들을 투입해야 할지 확신이 서지 않기 마련인데, 그럴 때 과학자들은 그 지역에 대해 더 정밀한 조사가 필요한지 결정할 목적으로 표본조사를 할 수도 있다.

끌그물Trawling net(트롤망)은 해양 연구에 오랫동안 사용되었으며 해양생물 다양성에 대한 초기 연구에서 처음 시작되었고, 개체조사팀도 이 방법을 광범위하게 사용했다. 어부들이 사용하는 것과 비슷한 끌그물은 특수 제작된 큰 그물로, 어떤 생물에 관심을 두느냐에 따라 다양한 형태로 제작된다. 해저 끌그물은 해저 밑바닥에서 사용하는 반면 중층 끌그물은 최고 수심 5,000미터까지 내려가 중층 수심에서 사용한다. 일부 끌그물은 서로 다른 수심에서 동시에 표본을 채집할 수 있도록 설계되어 있는데 이는 해양생물들의 수직적인 이동을 연구하기 위한 것이다. 플랑크톤 끌그물은 거의 모든 크기의 플랑크톤들을 손상되지 않은 상태로 채집하기 위해 개조한 끌그물이다. 플랑크톤 끌그물은 연구선에 걸어서 끌고 다니며, 긴 깔때기 모양으로 좁아지다가 그 끝에는 끝자루라 부르는 채집용 실린더가 달려 있다.

2006년 사르가소Sargasso 해 깊은 바다의 생물 다양성을 탐사하기 위해 진행한 연구선 론 브라운Ron Brown 호의 탐사 항해 동안 해양동물성 플랑크톤 개체조사 사업팀은 세 개의 '개폐형 다단 그물 및 환경 감지 시스템MOCNESS, Multiple Opening/Closing Net and Environmental Sensing Systems'을 이용해서 예전에 탐사했던 것보다 더 깊은 수심 5,000미터에서 동물성 플랑크톤을 끌그물로 채집하는 데 성공했다. 새로 설계된 이 끌그물은 매우 촘촘한(335미크론) 나일론 망으로 제작되었는데, 이것으로 채집한 표본에는 두족류 열세 종을 포함해 심해에 사는 다양한 생물들이 풍부하게 들어 있었다. 이 열세

이 태평수염대구Mora fish, Mora moro 사진은 북동부 대서양 수심 1,000미터에서 ROBIORObust BIOdiversity에 부착한 카메라가 촬영한 것이다.

종의 두족류 중에서 세 종류Cirrothauma murrayi, Bolitaena pygmaea, Tremoctopus violaceus는 문어목octopod이었고, 한 종류Vampyroteuthis infernalis, 흡혈오징어는 흡혈형목vampyromorph이었으며, 나머지 아홉 종은 적어도 다섯 개의 주요 그룹bathyteuthids, chiroteuthids, cranchids, histioteuthids, enoploteuthids에 속하는 오징어들이었다. 새로 사용한 335미크론 망은 표본을

Histeoteuthis목에 속하는 이 오징어 종은 해양동물성 플랑크톤 개체조사 사업팀 과학자들이 사르가소해의 심해를 탐사하는 도중에 발견했다.

컬럼비아 강 어귀에서 16킬로미터 떨어진 아스토리아 협곡의 중층 수심에서 표본을 채집하는 과학탐사 연구선 뒤쪽으로 끌그물을 내리고 있다.

중층 끌그물을 이용하면 대단히 다양한 생물을 채집할 수 있다.

수면 가까이 분포하는 플랑크톤을 채집하기 위해 플랑크톤 그물을 내리고 있다. 이 그물의 길이는 2미터이고 236미크론(0.25밀리미터) 망을 사용했다.

전혀 손상시키지 않고 채집할 수 있기 때문에 분류 작업이 무척 쉬워졌다.

끌그물이 해양생물 다양성 연구에 유용한 것은 사실이지만 한계가 있다. 이 그물을 피해 잘 도망치는 동물들도 많고, 특히 수심 깊은 곳에 사는 것들이나 몸체가 부드러운 해파리 같은 것들은 채집 과정에서 손상을 받거나 아예 부서져 버리는 경우도 많다. 그래서 끌그물은 비디오 플랑크톤 녹화기나 음향 기술, 대형 영상 장비 등의 다른 연구 도구와 함께 사용하는 경우가 많다.

해저 밑바닥에 붙어 살거나 속으로 파고들어 사는 생물의 표본을 얻고 싶을 때는 보통 해저 그랩benthic grab을 사용한다. 해저 그랩은 말 그대로 해저 밑바닥을 한 움큼 집어내는 장치다. 채집하려는 생물의 종류나 바다 퇴적물의 종류에 따라서 장비의 크기나 접근 방법이 다양하게 달라지지만, 목적은 모두 동일하다. 바로 바닥 퇴적물과 그 안에 사는 생물의 완벽한 표본을 수면 위로 가져오는 것이다. 다른 방법으로 채집하면 연약한 동물들은 손상을 받는 경우가 많지만, 이 기술들을 사용하면 그런 손상을 최소화하면서 발견한 생물 종의 특징을 묘사할 수 있고, 또 해당 종이 얼마나 풍부하게 존재하는지도 평가할 수 있다.

깊은 해저에 사는 생물을 채집해서 연구하려면 과학자들은 몇몇 형태의 잠수정에 특수한 채집 도구들을 장착해서 사용해야 한다. 흡입식 표본채집기suction sampler, slurp gun라고 부르는 장비는 큰 진공청소기처럼 작동해서 바닥 퇴적물 속에 굴을 파고 사는 작은 생물이나 물속을 헤엄치는 자유유영 동물들을 빨아들인다. 다른 장비들 중에는 바닥에 붙어 사는 동물 군집을 덩어리째로 온전하게 끄집어내기 위해 특수 제작된 것도 있다. 원격조정 잠수정이나 유인 잠수정들 중 다수는 로봇 팔이 있어서 팔을 뻗어 표본 하나를 따로 집어 오거나 해저면 한 조각을 떼어 올 수 있다. 이렇게 채집하면 채집된 표본의 형태도 온전히 남게 되고, 살아 있는 건강한 표본을 얻을 수 있는 경우가 많아서 연구에 더 도움이 된다. 바다 가장 깊은 지역에서 채집한 독특한 생물들 상당수는 이런 장비들을 이용해서 모은 것이다.

해양생물의 이동 연구

과학자들은 어느 특정 시점, 특정 장소에서 생물을 채집한다. 하지만 그렇게 채집한 동물이 철을 따라 이동을 하는지, 물속에서 위 아래로 수직적으로 이동하는지 등의 행동특성에 대해 좀 더 알고 싶어

상자형 지질표본 채취기를 사용한 후 갑판 위로 옮기고 있다. 표준 지질표본 채취기는 해저면 상부에서 표본을 손상 없이 채취할 수 있도록 설계한 것이다. 이것은 거의 모든 종류의 퇴적물에 사용할 수 있다. 이 장비는 자체의 무게만으로도 해저면을 최고 50센티미터까지 뚫고 들어갈 수 있다. 필요하면 납으로 무게를 더하거나 덜어낼 수 있기 때문에 더 깊이 뚫고 들어갈 수도 있다.

2년생 무지개송어steelhead에 음향 꼬리표를 부착할 준비를 하고 있다.

지면 과학자들은 특수한 집중 표본조사 기법을 이용해서 위치를 추적한다.

개체조사 연구를 통해서 음향 꼬리표 기술이 발달하게 되었다. 동물에게 음향 꼬리표를 달아두면 그것은 음향신호를 통해서 꼬리표를 부착한 동물에 대한 정보와 더불어 깊이, 수온 그리고 주변 수중의 광량光量에 대한 정보까지도 송신해 준다. 이 신호들은 이동식 수중청음기나 수중에 영구적으로 설치해서 꼬리표 부착 동물이 범위 안에서 움직일 때 그 신호를 잡도록 고안된 일련의 수신기를 통해 잡는다.

꼬리표 기술에는 몇 가지 종류가 있다. 어떤 꼬리표에는 수온이나 염도, 동물이 머무는 수심 등을 측정해서 저장하는 작은 컴퓨터가 들어 있다. 어떤 꼬리표는 온도(동물의 체온과 수온 양쪽 모두), 염도, 수심, 광량 등 동물의 이동 패턴에 대한 중요한 단서들을 추적하기도 한다.

개체조사 프로그램의 작업을 통해서 꼬리표 기술은 더욱 정밀해졌다. 꼬리표 회수의 문제를 해결하기 위해 두 가지 기술을 결합한 '분리형 위성송신형 기록 저장 꼬리표PSAT, Pop-up Satellite Archival Tag'는 연구 과제를 해결하기 위해 어떤 혁신적 방법을 도입하고 있는지 보여주는 사례이다. 이 꼬리표는 일반적인 기록 저장 꼬리

개체조사팀 과학자들이 참치에 위성 추적 표지를 이식하고 있다. 이 표지를 이용하면 과학자들은 이동성 강한 이 종의 이동을 기록할 수 있어, 전 세계적으로 참치가 어떻게 분포하는지 파악할 수 있을 것이다.

열화상 측정

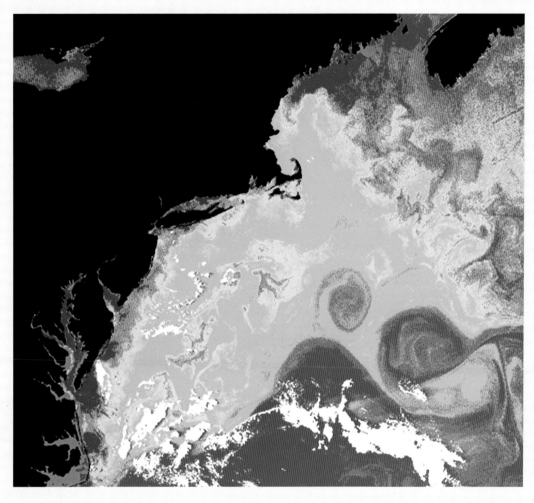

지구를 도는 인공위성은 개체조사팀 과학자들이 광활한 바다를 한눈에 관찰할 수 있게 해준 혁신적인 도구가 되었다. 어떤 인공위성은 지구의 자전 주기와 같은 속도로 움직이기 때문에 지구 정지궤도상에 머물며 지표면의 한 점 위에 계속 떠 있게 된다. 어떤 인공위성은 남극과 북극을 오가는 등 다른 형태의 궤도를 따라 움직이기 때문에 지구의 여러 부분을 통과하면서 전 세계 여러 곳의 사진들을 찍어 보낸다.

인공위성은 헤아릴 수 없을 만큼 귀중한 연구 도구임이 증명되었다. 인공위성은 이런저런 방식으로 거의 모든 개체조사 사업에서 사용되고 있다. 인공위성 원격탐사는 수온, 엽록소 농도(식물성 플랑크톤의 개체량을 말해준다), 해류 등 바다의 다양한 상태를 판단할 때 사용하는 기술이다. 심지어 인공위성은 동물에 다양한 정보를 송신하는 표지를 달아놓고 그것을 추적하는 데도 사용된다. '태평양 원양 동물 꼬리표 붙이기' 개체조사 사업은 이런 인공위성 기술의 발달에 의존하고 있다.

위: 이 사진은 서부 대서양 상공의 정지궤도상에 머물고 있는 인공위성에서 촬영한 열화상으로 멕시코 만류와 미국의 북동 해안이 보인다. 커다란 멕시코 만류 난핵 고리warm core ring가 몇 개 보이고 체서피크와 델라웨어 만 근처의 생산성 높은 지역들도 보인다. 북동쪽으로는 노바스코샤 주 근처의 그랜드뱅크 일부가 보인다. 그랜드뱅크 지역은 생산성이 높은 곳임에도 불구하고, 과도한 남획으로 인해 1990년대 초 대구 어장이 완전히 붕괴되고 말았다.

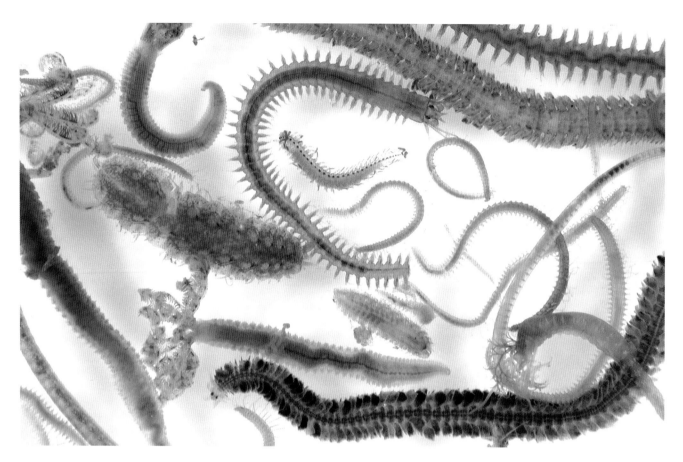

이 사진 속 해양생물들의 다양성만 봐도 분류 작업이 얼마나 힘든 과제인지 알 수 있다.

표와 마찬가지로 온도, 염도, 수심, 광량에 따른 위치 등의 측정치를 수집해서 기록한다. 하지만 이 꼬리표에는 저장한 정보를 궤도 위성으로 송신하는 기능도 있다. 위성은 이 정보를 받아서 다시 연구자에게 보내준다. 이 꼬리표는 미리 정해 놓은 시간이 되면 배터리가 켜지면서 신호를 위성으로 보낸다. 그리고 동시에 꼬리표 부착부가 녹으면서 꼬리표는 동물에서 떨어져 나와 수면으로 떠오른다. 수면에 떠오른 꼬리표는 계속해서 자료를 송신하기 때문에 잘하면 다시 회수할 수도 있다. 이 꼬리표는 다른 꼬리표들보다 비싸기는 하지만 상어처럼 다시 포획하기 힘든 대형 해양동물의 이동을 연구하는 데 대단히 효과적인 것으로 판명되고 있다.

인공지능형 위치/온도 추적 꼬리표SPOT tag, Smart Position and Temperature tag는 오늘날 개체조사팀 과학자들이 도입한 기술 중 가장 첨단의 기술이 사용된 것이다. 다른 형식의 꼬리표와 마찬가지로 이 꼬리표도 수온, 염도, 수심 등의 다양한 측정치를 기록한다. 하지만 인공지능형 위치/온도 추적 꼬리표는 대단히 강력한 송신기가 달려 있기 때문에 기록해 두었던 자료들을 정기적으로 위성으로 송신할 수 있다. 이 꼬리표는 보통 해수면이나 그와 가까운 수심에서 발견되는 돌고래, 거북이, 물개 등의 동물에 사용하려고 설계한 것이다. 이들 동물들은 적어도 어느 정도는 해수면에서 정기적으로 시간을 보내야 하기 때문에 꼬리표가 그때마다 정기적으로 자료를 송신할 수 있다. 최근에는 수면에서 헤엄치는 상어의 등지느러미에 이 꼬리표를 장착하는 데 성공을 거두었다.

채집한 표본의 식별

10년 동안 해양생물 개체조사 사업에서 수집한 생물 표본의 수는 수백만에 이르고, 과학자들은 그 속에서 수천 종의 신종을 발견하리라 예상하고 있다. 그렇게 많은 생물체들을 일일이 다 식별하는 작업은 만만치 않은 일이다. 분류학자들은 전통적으로 생물체의 해부학적 형태를 기반으로 종을 식별했지만, 요즘에 와서는 종을 식별하고 분류하는 작업에 생물체의 유전자 구성도 이용한다. 전통 방식에 유전자 식별 기술이 결합하면서 개체조사팀 연구자들은 그들이 발견한 많은 해양생물들을 분류할 수 있는 효과적인 도구를 갖추게 되었다.

전통적인 종 식별 방법은 수집한 표본의 해부학적 특성을 이미 알려진 종의 특성과 비교하는 것이다. 분류 검색표나 분류 서적에는 수백만 종의 해부학적 특성에 대해 묘사하면서 그 종의 서식처나 일반 생물학 관련 내용들을 덧붙여 놓는다. 연구자들은 종종 현미경을 사용하기도 하면서 해파리의 촉수 개수라든가 심해 아귀의 가시 길이 등의 특성을 확인하고, 발견한 내용들을 기존의 종 묘사 내용과 비교해 본다.

새로운 연구 분야가 생기면서 좀 더 정확한 종 식별이 가능해졌다. 분자생물학 기술을 이용해 개개 생물 종의 유전 암호를 밝히는 것이다. 종의 유전 암호와 채집한 표본에서 추출한 유전 정보를 비교하면 전통적인 방법보다 훨씬 빨리 종을 식별할 수 있다. 이 방법은 개개 분류학자의 전문지식에 기댈 필요도 없고, 표본의 손상으로 형태를 확인할 수 없거나 형태 자체가 애초부터 분명하지 않을 때도 사용할 수 있다. 게다가 분자생물학 기법을 사용하면 서로 다른 종들이 얼마나 연관되어 있는지도 알아낼 수 있기 때문에 예전보다 더 정확하고 포괄적인 '생물 계통수'를 작성할 수 있다.

분자생물학 기술 분야에서 최근에 이루어낸 중요한 발전은 DNA 바코딩 기술이다. 이 기술을 사용하면 생물체의 작은 DNA 조각을 이용해서 무슨 종인지 식별할 수 있다. 연구 목적으로 항해를 하는 동안에는 휴대용 장비를 사용한다. 개체조사팀 연구자들은 DNA 바코딩 장비를 배에 싣고 파도치는 바다로 처음 뛰어든 사람들 중 하나다. 대량으로 채집된 표본을 식별할 때는 이 기술이

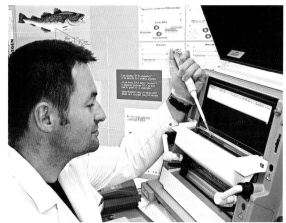

한 과학자가 유전자 구성을 밝히기 위해 DNA를 처리하고 있다.

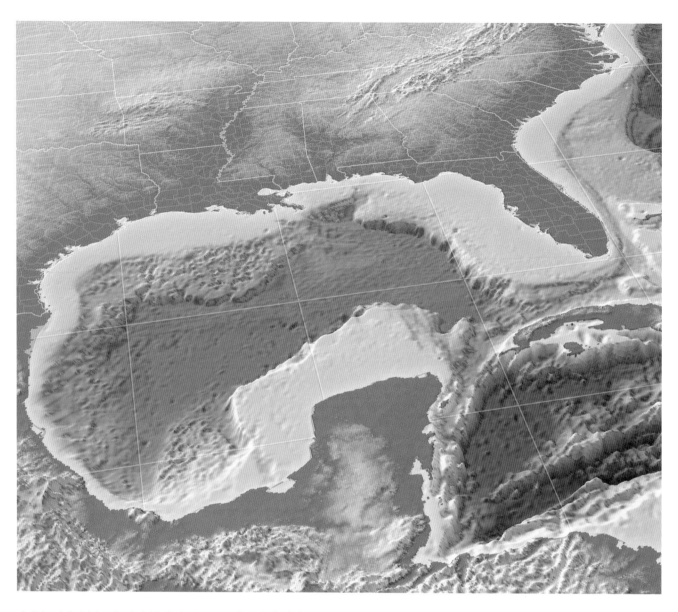

이 멕시코 만의 지리정보 시스템 영상은 다양한 출처의 정보를 바탕으로 만든 것이다. 파란색이 짙게 표시된 곳일수록 깊이도 깊다. 녹색은 식물의 밀도를 나타낸다.

아주 유용하다. DNA 바코딩 기술을 사용하면 생물체의 특성을 기재하고 이름을 붙이는 절차를 진행하지 않아도 새로운 종을 따로 가려낼 수 있다. 이것은 분명히 장점이지만, 어떻게 보면 단점으로 여겨질 수도 있다. 친척뻘인 종들을 구분하거나 분류학적 연관성을 확인하는 데는 큰 장점이 있지만, 생물의 특성을 기재하기보다는 DNA 바코딩 기술로 신종을 가려내는 것이 더 빠르기 때문에 새로 발견되는 어떤 종에 대해 아예 그 종의 특성에 대한 기재를 공식적으로 남기지 않고 넘겨버리는 경우가 생길 수 있다. 이것은 단점이다.

전 세계에 공개되는 개체조사 자료

해양생물 개체조사팀 과학자들은 해양생물에 대한 자료를 축적하고 있다. 그들은 이 정보를 분석하고 편집해서 전 세계 해양과학자 집단과 공유하고, 온라인 데이터베이스를 통해 대중에게 공개하고 있다. 개체조사 사업에서 나오는 모든 자료들을 공개하고 있기 때문에 과거와 현재 그리고 미래의 해양생물 다양성에 대한 포괄적인 그림을 그리는 것이 점차 현실로 다가오고 있다.

연구자들은 전통 기법과 최첨단 기술을 모두 동원해서 서식처와 생물 다양성이 어떻게 변하고 있는지 시각화하여 나타내고 있다. 이런 기법 중에는 표준 지도 제작 기법standard mapping technique이 있다. 이것은 시간과 공간에 따른 변화를 보여주는 데도 사용할 수 있다. 가장 흔하게 사용하는 접근 방법인 지리정보 시스템GIS, Geographic Information Systems 지도 제작에서는 컴퓨터 기술을 이용해서 특정 지역의 다양한 물리적, 생물학적 특성 측정치들을 시각적으로 보여준다. 이 기술은 어느 만(灣)의 플랑크톤 밀도를 살펴볼 때처럼 생물의 개체량을 조사하거나, 바닷물의 수온 같은 환경의 물리적 특성 등을 조사할 때 대단히 유용하다. 특수한 컴퓨터 프로그램을 사용하면 서로 다른 특성에 대한 자료들을 각각의 고유한 색깔이 표시된 상태로 서로 결합해서 지도 위에 나타낼 수도 있다. 이렇게 하면 관심 지역의 어떤 특성을 다른 특성들과 비교해 볼 수 있는 선명한 영상을 만들 수 있다.

데이터베이스 관리자들은 컴퓨터 기술을 이용해서 종의 숫자와 분포, 수온, 영양분 유용성 등 개체조사 사업을 통해 수집한 자료들을 서로 짜 맞추고 공유하고 있다. 개체조사팀이 심혈을 기울이고 있는 작업은 해양생물 지리정보 시스템OBIS, Ocean Biogeographic Information System이라는 대화식 온라인 데이터베이스다. 이것은 각각의 해양생물 종이 전 세계적으로 어떻게 분포하고 있는지에 대한 지리정보를 제공하는 웹 기반 서비스이다. 전 세계 어디서든 이용자들은 자기 컴퓨터 앞에서 지도에 대고 클릭만 하면 그 지역 바다에 무엇이 살고 있는지에 대해 조사해 놓은 개체조사팀 자료를 볼 수 있다. 예를 들어, 해양생물 지리정보 시스템을 이용하면 이용자는 먹이생물의 분포 및 개체 수 영상 위에 포식생물의 분포 및 개체 수 영상을 겹쳐놓고 보면서 먹이망의 상호역학을 밝혀낼 수도 있다. 아직까지는 수심에 따른 수직적 분포를 보여줄 수 있도록 자료를 통합하는 일에 어려움이 따르고 있지만, 해양생물 지리정보 시스템에서 세워놓은 표준과 규약을 이용하면 그런 작업이 한결 쉬워지고, 해양생물들을 지배하는 패턴과 과정들을 더욱 잘 이해할 수 있는 길이 열릴 것이다.

기존의 연구 자료에 좀 더 빨리 접근할 수 있게 되면서 해양생물의 다양성에 대

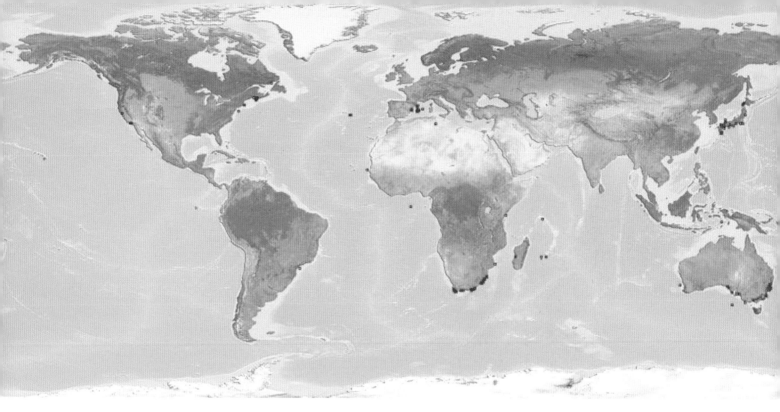

이 지도에는 백상아리Carcharodon carcharias가 분포하고 있는 것으로 알려진 지역이 빨간색으로 표시되어 있다.

한 연구도 점차 효과적으로 진행되고 있다. 해양생물 지리정보 시스템 데이터베이스를 사용하면 결국 해양생물이 시간에 따라 어떻게 변하는지에 대한 장기 모델을 만들고, 포괄적인 그림을 그릴 수 있을 것이다. 2010년까지 이 차세대 정보처리 기반구조를 확립해서 완전히 가동하는 것이 개체조사팀의 목표다. 해양생물 개체조사 사업은 또한 해양생물에 대한 관찰 기술을 실험하는 가장 중요한 실험의 장이 되어줄 것이다. 앞으로 이 기술들은 다음 20년 동안 구축하기로 정부들 간에 합의가 이루어진 세계 해양관측 시스템GOOS, Global Ocean Observing System의 일부가 될 것이다. 이렇게 유산으로 물려주게 될 정보들은 과거와 현재 그리고 미래에 해양생물의 다양성을 이해하는 데 개체조사 연구가 결정적인 역할을 하고 있다고 할 수 있는 핵심적인 이유다.

해양학 연구자들, 특히 해양생물 개체조사팀 연구자들이 도입한 수많은 기술들을 보면, 또 이 기술들이 지속적으로 진화, 발전하는 와중에 새로운 기법들이 계속 추가되고 있는 것을 보면, 역설적으로 바다와 그 비밀에 대한 우리의 지식이 아직은 완전하지 않음을 알 수 있다. 개체조사 사업의 가장 중요한 목표가 미래에 연구와 자원 관리의 바탕이 되어줄 잘 조직된 데이터베이스를 만들어내는 것이기는 하지만, 2010년에 내놓을 연구 결과가 우리가 쌓아올릴 지식의 정점이 될 것이라고 말하기는 어렵다. 전 세계 해양생물의 개체조사를 진행하려면 이 장에서 설명한 다양한 과학 기법은 물론이고 심지어 아직 발명되지 않은 방법을 포함해서 다른 수많은 기법들이 앞으로 필요할 것이라는 사실만 보더라도 과거와 현재 그리고 미래의 바다에 살았고, 살고, 살게 될 생물들에 대한 명확한 그림을 그려내는 일이 얼마나

백상아리 한 마리가 입을 벌리고 헤엄치고 있다. 남아
프리카공화국 한스바이Gansbaai에서 촬영한 것이다.

복잡한 것인지를 알 수 있다. 이 책에 나온 기법들을 모두 사용한다면 개체조사 사업이 1차 목표로 잡고 있는 해수면 아래 살아가는 생물들에 대한 어렴풋한 그림 정도는 그려낼 수 있을 것이다. 해양생물 개체조사라는 개념을 처음 만들어낸 제시 오스벨이 말했듯이 "해양생물에 관한 한 발견의 시대는 아직 저물지 않았다."

개체조사팀 연구자들이 남극의 얼음 덩어리 위에 모여서 바다표범에게 가장 최신의 생물활동기록 기술Biologging Technology(전자 센서를 동물에 이식하거나 부착해서 야생에서 그들의 행동이나 습성, 물리적 환경, 생리적 상태 등을 추적하고 기록하는 기술 옮긴이)이 적용된 꼬리표를 달아주고 있다. 이 꼬리표가 수온, 염도, 헤엄치는 속도, 위치 등의 정보를 송신해 주면 과학자들은 이 자료를 이용해서 바다표범과 그들이 사는 바다 환경에 대해서 연구한다.

제4장

동물을 이용해 바다를 관찰하다

점심을 먹고 난 후에 우리는 바로 게잡이바다표범을 발견했다. 바다표범 팀은 조디악 보트에 뛰어올라 팬케이크처럼 떠 있는 큰 얼음 조각들을 헤치며 천천히 나아갔다. 바다표범이 점점 가까워지자 내 심장 박동은 조금씩 더 빨라졌다. 캘리포니아 주립대학교 산타크루즈 캠퍼스 박사과정 학생인 버짓 맥도널드Birgitte McDonald가 마취총을 겨누고 쏘았다. 진정제가 바다표범의 몸에 박혀 퍼져나갔다. … 내 몸속에도 아드레날린이 뿜어져 나왔다. 결국, 승인이 떨어졌다. … 어느새 나는 남극해의 얼음 덩어리 위에서 300킬로그램짜리 바다표범과 사력을 다해 씨름하고 있었다. 이것보다 짜릿한 일이 있을까! 바다표범이 정신을 잃고 나자 바다표범 팀은 행동에 들어가 각자 자기가 맡은 자료들을 수집하기 시작했다. 매번 바다표범을 포획할 때마다 크기와 몸무게를 재고 초음파, 조직 채취, 혈액 채취 등을 한다. 오늘은 정말 일이 잘 풀렸다. 난 이렇게 밖에 나와 있는 것이 좋다. 내일은 어떤 일이 일어날지 알 수 없다. 내가 할 말은 그저 이것뿐이다. "무슨 일이건 올 테면 오라지!"

—마크 해리스Mark Harris
유타 주 레이튼 시에서 온 고등학교 교사. 남극해에서 개체조사팀 연구자들과 게잡이바다표범에 꼬리표 부착작업을 했던 경험을 묘사한 내용 중에서

앞의 인용문에서 마크 해리스가 묘사한 것처럼, 동물을 이용해 바다를 관찰해서 바다의 거대한 신비를 이해하려는 시도가 개체조사팀 연구자들 사이에서 점차 일반적인 방법으로 자리 잡고 있다. 동물을 이용한 관찰법과 그와 관련된 기술들이 바다에 대해서 우리가 모르고 있는 지식의 공백을 훌륭하게 메워주고 있다. 이전에는 직접 접근해서 연구하기에는 너무 멀거나 비용이 많이 들고, 혹은 너무 위험했던 바다의 영역들이 이제는 동물에 설치하는 장비 때문에 좀 더 접근이 쉬워졌다. 이런 신기술 덕분에 개체조사팀 연구자들은 동물들이 바다에서 매일의 일상적인 삶을 살아가는 동안 그 환경에 대한 자료를 수집할 수 있게 되었다. 그리고 먹고, 새

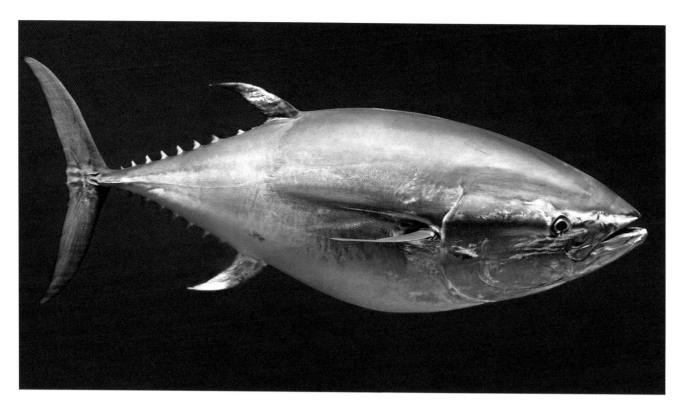

이동성이 대단히 강한 원양 포식동물인 참치는 태평양 포식동물 꼬리표 붙이기 현장조사 사업이 꼬리표를 달아주는 대상종 중 하나다.

끼를 낳고, 잠을 자는 등의 다양한 행동들을 엿볼 수도 있게 되었다.

현장조사 사업 중 두 개가 해양동물의 꼬리표 작업을 통해 생물 종의 서식 범위와 분포, 이동 습관 등을 조사하고 있다. 북태평양 연어에서 남극의 남방코끼리바다표범에 이르기까지 20종 이상의 해양생물에게 꼬리표를 달아줌으로써 개체조사팀 연구자들은 꼬리표 기술의 한계를 넓히고 있고, 그 덕에 해양과학 연구 분야의 기술 개발과 활용에서 선두 자리를 차지하고 있다.

꼬리표 기술의 발전

해양동물에게 꼬리표를 붙여서 해양학 정보를 모으자는 개념이 요즘에야 나온 것은 아니다. 그 실천 사례에 대한 기록을 살펴보면 1930년대로 거슬러 올라가는데, 그 당시 페르 스콜란더Per Scholander는 간단한 수심측정용 기계장치를 긴수염고래에 부착해서 잠수 깊이를 측정한 적이 있다. 하지만 그 이후 기술의 비약적 향상으로 인해 동물에 부착한 꼬리표를 이용해 물리적, 생물학적 자료를 기록하고 송신하는 생물활동기록 기술은 놀랍게 발전했다. 근래의 생물활동기록 기술은 스콜란더로서는 감히 상상할 수도 없었던 환경 및 동물행동 관련 정보들을 제공해 주고 있다.

초창기에는 동물 부착 꼬리표가 동물의 환경에 대한 정보를 수집하는 데 주로 사용되었고, 해양포유동물의 생리학과 행동양식에 대한 지식을 넓히려는 것이 주된

게잡이바다표범 한 마리가 남극의 얼음 균열 사이에서 수면 위로 얼굴을 내밀고 있다.

목표였다. 1960년대와 1970년대에 사용된 생물활동기록 시스템들은 순전히 기계장치밖에 없었고, 타이머나 수심측정기, 두루마리 기록지나 다른 구하기 쉬운 부품들을 사용했다. 초창기에 사용한 '꼬리표'는 주로 시간/수심 기록기TDRs, Time/Depth Recorders였고, 코끼리바다표범 같은 해양포유동물의 잠수 시간과 깊이를 기록했다. 이 초기 시스템의 가장 큰 문제는 어떻게 장치를 회수해서 자료를 되찾을 것인가 하는 점이었다. 연구자들은 꼬리표를 부착한 동물을 다시 만날 방법을 강구해야 했다. 초기 시간/수심 기록기는 거추장스럽고 무거웠기 때문에 그 장치의 크기나 무게를 감당할 수 있는 대형 동물에게만 사용할 수 있었다.

1970년대 후반과 1980년대에는 시간/수심 기록기가 다양한 방식으로 발전했다. 가장 중요한 발전을 들자면 두루마리 기록지를 필름으로 대체하는 등의 부품 소형화와 오랫동안 활동을 추적해서 자료를 기록할 수 있도록 꼬리표의 작동 시간이 늘어난 것이었다. 하지만 꼬리표 기술의 진정한 혁명은 마이크로칩과 집적회로 전자부품을 도입하면서 일어났다. 그 이후로는 다양한 해양과학 연구에 꼬리표 기술의 사용이 폭발적으로 늘어났다. 전자 꼬리표의 사용 덕에 과학자들은 꼬리표 복

스코틀랜드 세인트앤드루스 대학의 해양포유동물 연구부에서 개발한 신세대 위성중계형 자료기록기인 전도율/수온/수심CTD, Conductivity/Temperature/Depth 꼬리표는 많은 꼬리표 기술 적용에 사용되는 표준 기술이다. CTD 꼬리표는 남극의 바다표범에 사용될 뿐만 아니라 이 장수거북처럼 해수면에서 많은 시간을 보내는 다른 동물에도 성공적으로 사용할 수 있다.

합체에 다양한 보조 센서들을 같이 집어넣을 수 있었다. 이렇게 해서 꼬리표를 통해 수심, 염도, 수온 및 동물이 헤엄치는 속도 등의 정보를 얻을 수 있었기 때문에 동물에 부착한 장비 꾸러미를 통해 얻는 자료가 대단히 풍부해졌다.

꼬리표 기술에 일어난 또 다른 혁신인 아르고스 위성 원격측정 장비Argos satellite telemetry instrumentation는 새로운 길을 열어주었다. 이 범지구적 위치 추적 및 환경 감시 기술 덕분에 연구자들은 꼬리표를 부착한 동물의 이동을 추적할 수 있고, 수심, 염도, 수온 센서에서 얻은 시간별 자료와 함께 상호 참조 위치정보를 얻을 수 있다. 본질적으로 이런 자료들을 통해 개체조사팀 과학자들은 그 동물이 움직이는 영역에 대한 해양학 지도를 얻는다. 동물을 연구 보조원으로 삼아 해양과학을 연구하는 시대가 이제 눈앞의 현실이 되었다.

현재 꼬리표 기술은 다양한 형태를 띤다. 해양학 자료 수집에 적용되는 기술들은 보통 위치정보와 아울러 하나 이상의 환경 관련 자료를 제공한다. 개체조사팀 과학자들은 이런 기술들을 연구에 다양하게 이용해서 흥미로운 발견을 이끌어냈다.

개복치Mola mola는 개체조사팀 과학자들이 꼬리표를 붙여 추적하고 있는 20종이 넘는 해양동물 중 하나다. 이 개복치는 등지느러미 아래쪽에 분리형 기록저장 꼬리표를 달고 있다.

인공위성용 꼬리표

인공지능형 위치/온도 추적 꼬리표SPOT는 거기에 붙은 안테나가 수면을 뚫고 올라올 때마다 위성으로 정보를 집중 송신한다. 이름이 말해주듯, 이 꼬리표는 동물의 위치와 수온을 기록해 주고, 그에 더해서 동물의 속도와 수압(수심을 말해줌)도 알려준다. 이 꼬리표가 정기적으로 위성에 자료를 보내려면 수면 밖으로 꼬리표가 드러나야 하기 때문에 이것은 생활 주기 중 어느 정도는 해수면이나 그 근처에서 시간을 보내는 동물에 가장 적합하다.

일례로, 개체조사팀 연구자들은 북아메리카 대륙의 태평양 연안을 따라 이동하는 악상어의 이동을 추적하는 데 SPOT 꼬리표를 사용해서 이 동물의 서식 범위와 이동에 대해서 놀라운 정보들을 밝혀냈다. 온열동물인 이 악상어는 예상과 달리 연중 가장 추운 계절을 알래스카 근처의 살을 에는 차가운 물속에서 먹이활동을 하면서 보내는 것으로 밝혀졌다. 이곳 바다는 연중 대부분 얼음이 얼어 있는 경우가 많기 때문에 개체조사팀이 꼬리표 연구를 하지 않았다면 악상어의 이런 생태는 알지 못하고 넘어갔을 가능성이 크다. 그뿐 아니다. 일부 악상어들이 남쪽으로는 하와이 근처의 아열대 바다까지 이동하는 것으로 밝혀져 과학자들을 놀라게 했다. 이것은 기존에 예상했던 악상어의 서식 범위를 크게 벗어나는 것으로, 이 개체들 때문에 개체조사팀 과학자들은 종의 생태와 분포에 대해서 다시 생각할 수밖에 없게 되었다. 이들은 여러 해양 영역들을 넘나들 가능성도 있고 서식처도 생각보다 더 넓어질 수 있다. 이런 장거리 이동 때문에 이 악상어와 그들의 먹이생물 그리고 그들이 자주 출몰하는 바다에 대한 관리가 기존의 예상보다 훨씬 어려운 과제가 될 수도 있다.

연구자들이 인공지능형 위치/온도 추적 꼬리표를 악상어의 등지느러미에 부착하고 있다.

위성중계형 자료기록기SRDL, Satellite-Relayed Data Logger는 정밀한 자급자족형 장치로, 다양한 센서가 달려 있어 동물에 부착해 놓고 몇 개월에서 몇 년 동안 사용할 수 있다. 개체조사팀 과학자들이 사용하는 기본 장치는 수심, 수온, 염도와 유영 속도 등을 측정한다. 그에 더해서 아르고스 위성들과의 자료 교환을 통해 위치정보도 기록할 수 있다. 최근에는 SRDL 기술의 혁신적인 발전으로 인해서 휴대전화 주파수로도 자료를 송신하는 것이 가능해졌다. 휴대전화 송수신 가능 지역이 연구 지역과 겹치는 곳에서는 이것을 사용하면 저비용으로 아주 간단하게 자료를 전송할 수 있다.

개체조사팀 연구자들은 북태평양과 남극의 바다표범을 추적할 때 위성중계형 자료기록기를 표준 생물활동기록 기술로 사용하고 있다. 과학자들은 이 꼬리표를

이 수컷 코끼리바다표범은 머리에 꼬리표를 두 개 달고 있다. 큰 것은 연구자들이 바다에서 이 코끼리바다표범을 추적할 수 있게 해주는 인공위성용 꼬리표다. 그 위에 붙어 있는 작은 꼬리표는 무선 송신 꼬리표로 동물이 해변으로 나왔을 때 정보를 회수할 수 있게 해준다.

이용해서 바다표범의 연중 이동에 대한 정보를 얻고, 이 정보와 환경 자료를 상호 비교 검토해서 바다표범이 좋아하는 먹잇감에 대한 중요한 정보를 얻어내고 있다. 이렇게 얻은 새로운 지식 때문에 이해하기 힘든 다른 행동에 대한 궁금증이 생겨나기도 했다. 예를 들면, 해수면 수온이 낮아져서 그 바다가 얼음으로 덮이기 쉬운 곳으로 바뀌었는데도 코끼리바다표범 한 마리가 계속 남아 있다면, 왜 그 코끼리바다표범이 더 따뜻한 바다로 이동하지 않는 것인지 궁금해질 수도 있다. 위성중계형 자료기록기를 이용해 수집한 수온과 염도 자료를 이용해서 개체조사팀 과학자들은 코끼리바다표범이 잠수할 수 있는 가장 깊은 영역 근처의 환경 조건이 코끼리바다표범이 제일 좋아하는 먹잇감이 살기 좋은 최적의 서식처를 이루고 있음을 발견했다. 이렇게 해서 연구자들은 기존에는 설명하기 힘들고 다소 불가사의했던 이 코끼리바다표범들의 행동을 이해할 수 있었다. 거기다가 보너스로 개체조사팀 연구자들은 이 영역의 환경 조건을 나타내는 해양 도표를 만들 수도 있었다.

기록저장 꼬리표

분리형 기록저장 꼬리표는 일정 시간이 지나면 동물에서 떨어져 수면으로 떠오르도록 프로그램 되어 있기 때문에, 그 무게를 감당할 수만 있다면 수면에 머무는 시간에 상관없이 거의 모든 동물에 부착할 수 있다. 기록저장 꼬리표는 수면으로 떠오르고 나면 배터리가 다 방전될 때까지 인공위성으로 자료를 계속 송신한다. 이 꼬리표로 얻는 자료는 수온, 수심, 주변의 광량 등이다. 요즘에는 경도와 위도도 1도 단위까지 측정할 수 있다.

개체조사팀 연구자들은 분리형 기록저장 꼬리표를 사용해서 상어, 참치, 개복치 등을 성공적으로 추적했다. 이 꼬리표를 사용함으로써 과학자들은 이 동물들이 좋아하는 환경에 대해 더 많은 것을 알아가고 있다. 예를 들어, 개체조사팀 연구자들은 백상아리들이 연중 특정 시기가 되면 모여드는 특별한 한 장소를 태평양에서 발견해 냈다. 지금까지는 원양에 사는 백상아리들에 대해서는 알려진 바가 거의 없었다. 사실, '푸른 사막'이라 불릴 정도로 황량한 환경이 끝없이 펼쳐진 이런 환경에서 살아가는 생물들을 연구하는 것에는 큰 어려움이 따랐었다. 하지만 분리형 기록저장 꼬리표 부착으로 백상아리가 원양에서 어떻게 이동하는지 그리고 그들이 출몰하는 바다의 환경은 어떤지를 알아낼 길이 생겼다.

과학자들은 매년 꼬리표를 붙인 상어들이 북태평양의 한 지역으로 모여드는 것을 발견하고, 그곳을 '백상아리 카페White Shark Café'라고 이름 붙였다. 사는 곳이 서로 다른 상어들이 모여들어 이곳에서 꽤 긴 시간을 보내며, 아주 깊은 곳까지 되풀이해서 잠수를 한다. 아직은 이런 이동과 잠수 행동이 상어의 생활 주기와 생태에서 어떤 역할을 하는지 알 수 없지만 이 꼬리표에서 수신한 환경 정보들은 이 불가사의한 행동을 설명해 보려는 개체조사팀 연구자들의 노력에 큰 보탬이 되고 있다.

소리를 이용해 동물을 추적하다

기록저장 음향archival acoustic 꼬리표는 신세대 음향 꼬리표 기술로, 배열해서 고정해 놓은 음향신호 수신기들을 이용해 동물의 위치를 알아내는 기술이다. 이 꼬리표에는 수심과 수온 자료를 저장하는 기록저장 센서 꾸러미가 들어 있다. 꼬리표를 부착한 동물이 음향신호 수신기 곁을 지나게 되면 꼬리표는 저장했던 자료를 음향신

유로크 인디언 부족민이자 생물학자인 배리 맥코비 주니어Barry McCovey Jr.(왼쪽)와 유로크 부족 어류관리협회Yurok Tribal Fisheries 직원인 스콧 투로Scott Turo가 용상어를 풀어줄 준비를 하고 있다. 개체조사팀 연구자들이 캘리포니아에서 꼬리표를 붙인 이 물고기가 나중에 브리티시컬럼비아에서 발견되어 과학자들을 놀라게 했다. 과학자들은 그런 북쪽 지역에서는 이 종을 만나본 적이 없었다.

호 수신기로 송신한다. 이 기술은 태평양 연어나 용상어처럼 연안 서식처에 자주 출몰하는 동물에서 해양학 자료를 수집할 때 사용할 수 있는 비용이 저렴한 방법임이 증명되었다.

예비조사 결과를 보면 2년생 연어의 생존은 기존에 받아들이고 있던 내용과는 상반된 패턴을 따르는 것으로 밝혀졌다. 수산학자들은 댐이 건설된 강은 댐으로 막히지 않은 강보다 연어 치사율이 높다고 생각해 왔다. 개체조사팀의 연구는 그와 상반된 결과를 보여주고 있다. 댐이 대단히 많은 컬럼비아 강에서 꼬리표를 이용해 2년생 연어의 생존율을 조사해 본 결과 댐이 없는 자연 하천인 프레이저 강 2년생 연어의 생존율과 같거나 오히려 더 높았다. 이 결과는 댐이 건설된 강이라고 해서 어린 연어가 더 큰 곤경을 받는다고 할 수 없으며, 이 어린 물고기들이 겪는 진정한 삶의 시련은 바다로 들어온 이후에 시작된다는 것을 말해준다. 각각의 강별로 치사율이 다르게 나타나는 이유는 강 자체의 환경보다는 그 강과 연결된 바다의 환경과 더 큰 연관이 있을 수 있다. 이 정보는 기존의 연어 생태에 대한 이론과 배치되는 내용을 담고 있기 때문에 개체조사 작업은 미래에 이 어장을 어떻게 관리할 것인지에 중요한 영향을 미칠지도 모른다.

음향 꼬리표는 외과 수술을 통해 대상 어류의 복강에 이식한다. 이 꼬리표는 자료를 수집해서 북아메리카 태평양 연안을 따라 열을 지어 배치되어 있는 음향수신기로 정보를 보낸다.

배치 준비가 끝난 음향수신기들. 이 수신기들은 해저에 고정되어 '음향신호 수신 커튼listening curtain'을 형성하고 꼬리표가 부착된 동물들이 그렇게 커튼이 쳐진 영역을 들락거리며 지나칠 때마다 자료를 수신한다.

개체조사팀 연구자들이 남극의 거친 환경을 무릅쓰고 바다표범에게 꼬리표를 붙이러 가고 있다. 이 꼬리표를 붙인 바다표범은 자기의 행동 방식에 대한 자료와 해양학 자료들을 중계해 줄 것이다.

극한의 영역 탐구

개체조사팀 꼬리표 연구의 표적이 된 동물들은 대단히 다양하지만 해양학 자료를 모으는 일에서는 장거리를 이동하거나 활동 반경이 넓은 대형 동물들이 주로 대상이 되었다. 바다표범이나 고래, 바다사자 같은 해양포유동물, 참치, 개복치, 상어 같은 원양 어류, 연어 같은 소하성(알을 낳기 위해 바다에서 돌아와 강을 거슬러 오르는_옮긴이) 어류, 바다거북, 다양한 종류의 바닷새, 일부 오징어 종 등은 그 이동 패턴 덕분에 해양 관찰자로 이용하기 좋은 이상적인 후보감이다.

바다에 대한 지식을 넓힐 수 있었던 것은 개체조사팀 과학자들이 이렇게 이동성이 강한 동물을 관찰자로 사용해서 극지방의 바다나 원양, 심해 등 조사가 잘 이루어지지 않았던 냉역에서 해양학 자료를 수집한 덕분이다. 꼬리표 기술의 발달로 자료를 수집할 때 유인 잠수정이나 원격조정 잠수정, 자동 무인 잠수정 등의 필요성이 줄어들었다. 반복적으로 잠수를 하는 해양포유동물에게 꼬리표를 붙여 놓으면 사람이 직접 위험을 무릅쓰지 않아도 자료를 더 안전하게 모을 수 있다.

바다표범 꼬리표 붙이기

연구자들이 자기가 타고 온 조디악 보트보다 조금 클까 말까 한 빙붕 위에서 일하고 있다. 남극에서 일하고 있는 이 연구자들은 하루 여섯 시간밖에 비추지 않는 햇빛의 마지막 조각이 사라지기 전에 게잡이바다표범 꼬리표 부착을 마치려고 서두르고 있다.

해양포유동물 전문가이자 개체조사팀 과학자인 댄 코스타Dan Costa와 그의 팀은 살을 에는 추위와 바람 속에서 팀원들이 겨우 올라설 수 있는 크기의 빙붕 위에 올라 작업하면서 벌써 몇 년째 남극의 코끼리바다표범과 게잡이바다표범에 꼬리표를 붙이고 있다. 그들은 최신의 생물활동 기록 기술을 사용해서 이 바다표범들의 수렵 행동을 밝혀내고, 남극해에 대한 해양학 지식을 넓힐 수 있었다. 댄은 이렇게 말한다. "이 꼬리표들은 바다표범이 헤엄치고 있는 곳의 수온이나 염도뿐 아니라 그 위치와 잠수 습성에 대한 정보까지도 송신해 줍니다. 그런 자료들은 바다표범이 특정 장소를 찾는 이유를 이해하고, 바다의 기본적인 물리 현상을 이해하는 데도 중요하죠. 사실 이 자료들은 해양 물리학자들에게는 특별히 더 큰 가치가 있습니다. 해류 모델을 만들 때 쓸 수 있으니까요."

위: 꼬리표가 달린 바다표범 한 마리가 자료 수집 임무를 시작하러 가기 전에 콧김을 내뿜으며 연구자들에게 작별인사를 하고 있다.

오른쪽: 바다표범에게 꼬리표를 붙일 때는 물리지 않도록 조심해야 한다. 게잡이바다표범의 이빨은 바닷물에서 크릴새우를 걸러내기 위해 적응된 것이지만 과학자들에게 이 덩치 큰 동물을 과소평가해서는 안 된다는 경고를 보내는 듯하다.

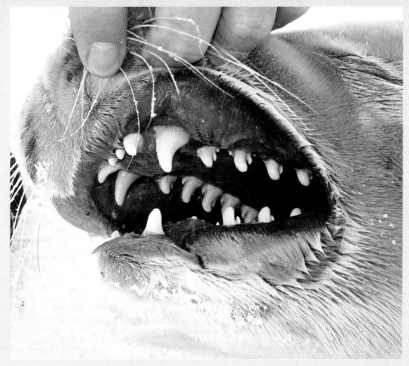

남극물개 어미와 그 새끼. 이들은 각각 현재와 미래의 동물 관찰자이다. 이 동물들을 연구보조원으로 삼아서 도움을 받으면 과학자들은 전 세계적 기후 변화로 인한 물개들의 서식처 파괴를 예방할 수 있을지도 모른다.

작은 고무보트를 타고 20센티미터 두께의 유빙괴를 헤치고 가서 얼음 덩어리 위에서 성질 사나운 바다표범과 씨름하고 날씨와 싸우는 것이 이 용감한 과학자들에게는 일상적인 일이다. 팀원 중 한 사람인 마크 해리스는 그의 연구일지에 이렇게 기록했다. "대자연이 갑자기 우리에게 시련을 내렸다. 기온은 영하 8°C에 시속 80킬로미터의 바람이 불고 눈까지 내려 체감온도는 영하 44°C이다.

과학자들은 한 번 가면 한 달이나 그 이상 이 차가운 바다에서 머물며 작업하지만, 겨우 열두 마리 남짓한 바다표범에 꼬리표를 단다. 하지만 2006년 탐사 기간 동안 가능한 한 많은 꼬리표를 달려고 불굴의 의지로 꾸준히 노력한 결과, 결실이 맺어지고 있다. 코스타의 바다표범들에서 수집한 해양학 자료는 전통적인 해양학 연구 방법과 비교했을 때 그 정당성이 입증되었고, 정확하며 쓸모도 많은 것으로 밝혀졌다.

코스타가 수집한 자료는 대부분 얼음 밑 바다에서 얻은 것으로, 이 영역은 물류와 기술상의 제약 때문에 역사적으로 조사가 부족했던 곳이다. 바다표범을 통해 수집한 해양학 자료들은 이 '맹점'을 관찰할 수 있는 기회를 제공하고 있으며, 이 영역은 기후 변화를 연구하는 과학자들에게 무한한 가치가 있는 것으로 밝혀질지도 모른다. 남극저층수는 전 세계 기후를 관장하는 해양 순환의 핵심 요소이지만 그 특성을 측정하기는 어렵다. 동물 관찰자를 통해 수집하는 자료는 이 환경과 이 환경을 주도하고 변화시키는 기전을 이해할 수 있게 도울지도 모른다.

'바다표범 제1팀'이 조사가 부족한 남극 바다의 자료를 수집하는 임무 수행 도중 꼬리표를 부착한 바다표범을 앞에 두고 자세를 취했다. "여기 남극권 아래 지역에서 한 겨울에 빙붕 위에 올라타 바다표범에게 꼬리표를 달고 있으면 정말 그보다 더 짜릿할 수가 없죠." 마크 해리스의 말이다.

참치: 해산물, 인공위성용 꼬리표 그리고 개체조사

맛있는 살 때문에 그 수가 감소하고 있는 참치는 전 세계적으로 수요가 높아서 시장 규모가 차츰 감소되고 있는 상황에서도 품귀현상으로 가격이 높다. 그래서 참치를 잡기 위해 들이는 노력도 상당해졌다. 전문가들은 현재의 참치 규모로는 이런 압력을 감당하지 못할 것이라고 경고하고 있다. 태평양 포식동물 꼬리표 붙이기 개체조사 사업팀 수석 과학자인 바버라 블록Barbara Block은 이렇게 말한다. "참치 개체 수는 이제 붕괴 직전의 위험에 몰려 있습니다. 우리 시대, 우리가 살아 있는 동안에 이런 일이 일어나게 된 것입니다. 하지만 이제 우리에게는 참치가 대구처럼 되지 않고 개체 수를 회복하게 해줄 수 있는 과학이 있습니다."

참치는 개체조사팀 연구자들이 집중적으로 연구한 종 중 하나다. 과학자들은 인공위성용 꼬리표를 이용해 참치의 이동과 잠수 습성을 추적했는데, 그 결과 이 거대한 바다의 거인들이 연중 이동 기간 동안 전체 대양들을 일상적으로 가로지르는 것으로 밝혀졌다. 아일랜드에서 꼬리표를 달아준 참치가 8개월도 안 돼서 4,800킬로미터 이상 떨어진 곳에서 발견되기도 했다. 이런 결과를 보면 참치의 장거리 이동을 고려하지도 않고 바다에 경계가 있는 것처럼 생각하는 전통적인 관리 전략으로는 참치를 보존하기가 어렵다는 것을 알 수 있다. 참치는 인간이 그어놓은 경계를 무시한다. 참치는 전 세계에 걸쳐 이동하기 때문에 유럽에서 참치를 잡으면 멕시코 만의 참치 개체 수가 영향을 받고, 남극해에서 참치를 불법어획하면 북태평양 참치 개체 수가 영향을 받는다. 따라서 참치 개체 수를 회복시켜서 살아남게 하려면 경계를 뛰어넘는 협동 관리가 반드시 필요하다.

개체조사팀 연구자들과 제휴 단체들(TAG 재단, 대형 원양동물 연구센터, 원양어업 보존 프로그램 등)의 꼬리표 연구 노력으로 이 상징적인 어류가 바다 공간을 어떻게 활용하는지를 더 선명한 그림으로 볼 수 있게 되어 관리 방법도 개선되고 있다. 참치의 바다 서식지를 더 잘 이해하게 되고 정밀한 전자 꼬리표를 이용해 해양학 자료를 수집할 수 있게 되어 과학자들은 참치의 먹이활동과 산란의 생태에 영향을 미치는 환경의 영향을 더 잘 이해하게 되었다. 결국 이런 지식들이 모여 참치의 멸종을 막는 데 도움을 줄 것이다.

참치 세 마리가 이 생물 종의 위엄을 잘 보여주고 있다. 이 인기 있는 해산물의 개체 수가 심각한 위험에 처해 있다. 하지만 개체조사팀의 꼬리표 작업은 참치의 생태를 밝혀내고 있고, 이 생물 종을 앞으로 어떻게 관리할 것인지에 대해 대단히 가치 있는 정보를 제공하게 될 것이다.

꼬리표 기술의 발달 덕분에 연구자들은 이 사진에서 보듯이 이동성이 강한 참치에 꼬리표를 달아서 해양학 자료를 수집할 수 있게 되었다.

극지방에서 해양학 표본조사를 실시하는 일은 탐험 초기 시절부터 큰 숙제였다. 극지방 해양학 연구는 특수한 장비와 연구선, 인력이 필요했고 바다를 덮고 있는 얼음 때문에 접근이 힘든 경우가 많아서 현장 연구를 진행할 수 있는 시기도 제한적이었다. 그래서 연구가 가능하다 해도 비용이 많이 들고 힘든 경우가 많았다. 하지만 동물에 부착하는 센서 덕분에 극지방 해양 연구에 상당한 활력을 얻게 되었다. 이제는 조사에 참여하는 사람들의 제한된 시간과 능력 때문에 표본조사가 어려워질 필요 없이 동물 관찰자에게 꼬리표를 장착해 두기만 하면 과학자들이 떠난 후에도 오랫동안 꼬리표는 자기 삶을 살아가는 동물과 함께 다니며 환경 조건을 조사해서 보고해 준다.

꼬리표 기술은 원양과 심해 영역의 연구에도 비슷한 활력을 불어넣었다. 동물을 연구보조원으로 두게 된 덕에 비용과 안전 문제 그리고 상대적으로 너무 광활한 환경 때문에 표본조사가 오랫동안 제대로 이루어지지 못했던 영역에서 새로운 지식의 문이 열리고 있다. 참치나 상어같이 이동성이 대단히 강한 동물에 꼬리표를 붙임으로써 원양 환경을 연구하는 개체조사팀 연구자들은 생물학적으로 대단히 풍부한 특정 영역들을 찾아냈다. 태평양에 소위 생물학적 집중지역biological hotspot이라는, 말 그대로 광활한 공해상의 오아시스가 있음이 밝혀진 것이다. 그와 유사하게, 코끼리바다표범처럼 깊이 잠수하는 동물에 꼬리표를 붙여 연구함으로써 일부 심해 서식처의 생물학적 풍부함이 밝혀졌고, 그곳이 얕은 바다의 생태계와 어떤 연관이

연구보조원이라고 하기엔 어색하지만 꼬리표가 달린 이 어린 연어는 과학자들이 해양 환경을 더 잘 이해할 수 있게 도와주는 많은 생물 종 중 하나다.

있는지도 밝혀졌다. 예전에는 심해 환경이 연구하기 가장 까다로운 바다 영역이라 생각했지만 개체조사팀 연구자들을 위해 장비를 달고 심해 깊이 잠수하는 바다표범이나 고래 등의 동물 덕에 수집 가능한 자료의 양이 매년 늘어나고 있다.

최신의 생물활동기록 정밀장비를 꼬리표로 붙인 동물 관찰자로 꾸린 부대를 상상해 볼 수도 있을 것이다. 이 동물들은 바다를 헤엄치면서 자신의 삶을 살아가는 동안 자기도 모르는 사이에 바다에 대한 우리의 이해를 넓혀줄 것이다. 개체조사 연구는 이런 꿈을 현실로 만들려고 노력 중이다. 기술이 발전해서 점차 작고 강력한 배터리가 나오고, 좀 더 정확하면서 내구성 좋고 저렴한 센서가 등장함에 따라 개체조사 연구는 정확도가 더 향상되고, 목표에 더 집중할 수 있게 될 것이다. 해양 환경 연구에서 동물 관찰자들이 과학자의 자리를 완전히 대체할 가능성은 없지만, 시간이 흐를수록 과학자들은 자신의 연구 대상인 바로 그 생물들로부터 더욱 큰 도움을 받게 될 것이다.

최장거리 동물 이동: 회색 슴새

소형 꼬리표 제작 기술의 발달로 회색 슴새처럼 작은 동물에도 꼬리표를 붙여서 추적할 수 있게 되었다. 이로써 그들의 생태와 환경에 대해 많은 것을 밝혀낼 수 있다.

6만 4,000킬로미터를 움직이는 것은 대단한 여행이다. 하물며 작은 새 한 마리가 그 거리를 이동한다고 상상해 보라. 항공 여행의 발달로 지구가 더 좁아진 것은 사실이지만, 지구상에 사는 사람들 대부분은 평생토록 그런 거리를 움직여보지 못한다. 하지만 회색 슴새라는 이름이 붙은 이 바닷새는 뉴질랜드에서 북태평양으로 그리고 그 반대로 매년 이동한다. 개체조사팀 연구자들은 2005년에 뉴질랜드에서 회색 슴새 서른세 마리에게 추적용 꼬리표를 달았다. 그리고 그해 말에 회색 슴새들이 이동을 마치고 다시 뉴질랜드로 돌아왔을 때 꼬리표 20개를 회수했다. 이 꼬리표가 들려준 이야기들은 연구자들에게 충격을 안겨주었고 결국 슴새의 생태에 대한 과학자들의 지식을 크게 바꿔놓았다.

꼬리표에서 추출한 자료들을 조사한 결과 회색 슴새는 뉴질랜드의 산란지에서 일본과 알래스카 그리고 캘리포니아의 북태평양 먹이터까지 이동하는 동안 하루 최고 880킬로미터를 이동했고, 어떤 회색 슴새들은 한 번의 여행 동안 최고 6만 2,400킬로미터를 이동한 것으로 드러났다. 이것은 지금까지 알려진 동물의 장거리 이동 기록 중 최고다. 이 꼬리표에는 수심을 알려주는 수압도 기록되었는데 회색 슴새는 먼 거리를 이동할 뿐 아니라 물고기나 오징어, 크릴 등을 잡아먹기 위해 수심 60미터 아래까지도 잠수하는 것으로 밝혀졌다.

연구자들은 슴새를 계속 추적해서 끊임없이 여름을 찾아다니는 그들의 이동 습성을 더욱 잘 이해하고 전 세계적 기후 변화가 슴새의 개체 수에 어떤 영향을 미칠지 예측할 수 있도록 과학자들을 돕고 싶어 한다. 또한 연구 결과를 보면 회색 슴새의 개체 수가 감소하고 있기 때문에 회색 슴새의 이동에 대해 정확한 정보를 얻을 수 있다면 태평양 전체에 분포하고 있는 중요한 먹이터와 산란지를 확인해서 보호활동에 도움을 줄 수도 있다.

연구선 폴라슈테른에 승선한 과학자들이 촬영한, 남극해의 매우 조용한 바다에 떠다니는 편평한 빙산의 모습. 이것은
2006년과 2007년 웨델 해에서 탐사를 진행하는 10주 동안 연구자들이 목격한 수천 개의 빙산 중 하나에 불과하다.

제5장

사라져가는 얼음의 바다

이 조사 사업은 그저 과학적 호기심 때문에 진행하는 것이 아닙니다. 지구의 극
지방은 기후 변화의 영향에 대단히 취약합니다. 극지방은 지구의 점차적인 기온
상승에 점점 예상치 못한 극적인 방식으로 반응하고 있습니다.

— 론 오도르 Ron O'Dor
해양생물 개체조사팀 공동 수석
과학자

우리 지구의 양쪽 극지방에서 극적인 변화가 일어나고 있다. 지구 온난화로 야기된
기후 변화가 '얼음의 바다' 와 그곳에 사는 생물들에게 지울 수 없는 상처를 남기고
있다. 극지방의 얼음은 언제나 계절을 따라 커지고 작아지기를 반복했다. 그러나
세계 평균 온도가 올라감에 따라 극지방 전체의 얼음이 줄어들고 있다. 보통 매년 9
월은 북극해에 떠 있는 얼음의 양이 연중 가장 적어지는 때이다. 하지만 2007년 9
월에는 북극해 얼음 손실량이 우리 시대 들어서 최고치를 기록했다. 북극해를 덮는
얼음의 양은 인공위성을 통해 정확한 관찰을 시작했던 1979년 측정치보다 43퍼센
트 줄어든 410만 평방킬로미터 정도였다.

　그와 유사하게, 인공위성을 이용한 최근의 연구를 보면 남극대륙의 98퍼센트
정도를 덮고 평균 두께가 1,600미터를 넘는 남극 빙상은 매년 얼음이 150입방킬로
미터 정도씩 사라지고 있다.

　이렇게 극적인 변화들이 상대적으로 빠르게 진행되는 통에 얼음의 바다에 사는
생물을 연구하는 과학자들 사이에서는 이 영역이 돌이킬 수 없이 변하기 전에 최대
한 많이 그리고 최대한 빨리 연구를 해야겠다는 다급한 분위기가 생겨났다. 다행히
도 국제학술연합회의International Council for Science와 세계기상기구WMO, World Meteoro-
logical Organization가 제4회 국제극관측년을 지정하면서(그 전에는 1882~1883년, 1932~1933년,
1957~1958년에 지정되었다) 이들 영역을 좀 더 전체적으로 연구할 수 있는 방법들은 이미
갖추어져 있었다. 북극과 남극을 모두 똑같이 전체적으로 연구하기 위해 제4회 국

빙산의 압력으로 생긴 이 융기는 2005년 캐나다 해저분지 탐사 기간에 잠수부가 물속으로 들어가 아래쪽에서 촬영한 것이다.

제극관측년(실제로는 2007년 3월에서 2009년 3월까지 2년간 진행)에는 60개국에서 수천 명의 과학자들을 불러 모아 다양한 영역의 물리학적, 생물학적, 사회적 주제에 대해 검토했다. 개체조사팀의 조사 사업 두 개가 국제극관측년 활동을 전체적으로 통합하는 역할을 수행하고 있고, 남극 지역에서만 해도 개체조사팀은 이 2년 동안 열여덟 번의 탐사를 통해 자료를 수집했다.

과학자들은 기후 변화의 영향을 더 받기 전에 미래의 변화를 측정하는 기준이 될 기준선을 확립하기 위해 연구에 박차를 가하고 있다. 연구자들은 또한 이 영역이 기후로 인해 생긴 환경 변화로 바뀌기 전에 여기에 무엇이 살고 있는지를 밝혀낼 기회를 놓치지 않으려고 애쓰고 있다.

"북극에서 엄청난 변화가 계속되고 있기 때문에 세 군데 주요 영역(해빙, 수중, 해저)의 생물 다양성을 확인하는 일이 대단히 긴급한 사안이 되었습니다." 동료 보딜

이 위성 영상은 1979년에서 1981년까지 연중 북극에 얼음이 제일 적을 때의 평균치를 나타내고 있다. 인공위성을 통한 관찰은 1979년에 처음 시작되었다.

이 영상은 2003년에서 2005년까지 연중 북극 얼음이 제일 적을 때의 평균치가 얼마나 차이가 나는지를 보여준다.

기존에는 갈 수 없었던 극지방 환경을 조사하는 북극 탐험가들은 춥고 혹독한 환경에 대비해야 한다. 이 사진은 2005년 북극해 캐나다 해저분지 탐험 기간에 해빙 위에서 연구하던 전형적인 모습이다. 여기 사용하는 장비들은 발전기, 장비 운반용 썰매, 얼음표본 채취기, 조명, 온도 센서 등이다.

블럼Bodil Bluhm, 루스 홉크로프트Russ Hopcroft와 함께 알래스카 대학교 기지에서 북극해 개체조사를 이끌고 있는 롤프 그라딘거Rolf Gradinger는 이렇게 설명한다. 환경 변화가 얼마나 크게 일어날지, 그리고 그것이 해양생물에 미칠 영향이 얼마나 될지 판단하려면 장기적인 관찰이 필요하며, 그러기 위해서는 기준으로 삼을 자료가 대단히 중요하다. 그라딘거는 이렇게 덧붙인다. "기후 변화와 그 후 변화가 어떻게 발현되고 영향을 미칠 것인지 논의하려면 생물 종 차원의 정보가 필수적입니다."

남반구에서 일하는 그라딘거의 동료들도 이에 동의한다. "이번 탐사(2007년 12월에서 2008년 1월까지 연구선 폴라슈테른을 타고 진행)에서 우리가 배운 것은 빙산의 일각에 불과합니다. 이번 탐사와 곧 있을 국제극관측년 연구에서 통찰을 얻고 나면 우리는 기후의 변화가 이 지역에서 얼음에 의지해 살아가는 생물 종에 어떤 영향을 미칠지 밝혀낼 수 있을 것입니다." 개체조사 남극 연구 프로그램을 주도하는 기관 중 한곳인 호주남극연구소의 마이클 스토더트Michael Stoddart는 이렇게 설명한다.

이들 과학자가 맡고 있는 임무는 분명 쉬운 일이 아니다. 이런 지역에서 과학 조사를 진행하려면 추위와 맞서고 수많은 어려움과 위험을 감수해야 하고 큰 비용이 드는 것은 말할 것도 없다. 사실 남극해 연구는 비용이 많이 든다. 쇄빙선을 이용한 남극해 개체조사 탐험에는 초당 1유로(미국 달러화로 1.4달러)나 들었다. 극지방 탐험을 위해서는 사전계획을 철저히 세워야 하고 최첨단 쇄빙선의 도움이 있어야 한

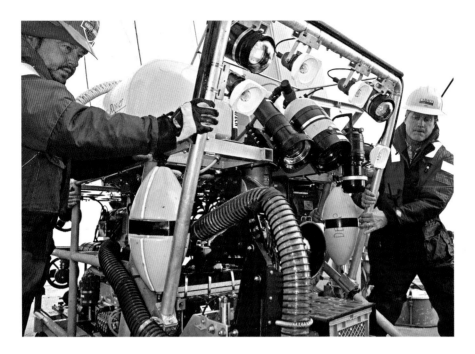

이 사진에 보이는 것과 같은 원격조정 잠수정은 과학자의 눈과 귀가 되어주고, 나중에 관찰하고 연구할 수 있게 표본을 채집해 준다. 이 원격조정 잠수정은 대부분이 얼음으로 덮인 수심 3,800미터 깊이의 거대한 수중 구덩이인 북극 캐나다 해저분지를 연구하는 데 사용했다.

다. 이런 엄청난 어려움에도 불구하고 개체조사팀의 탐사자들은 해빙 아래에서 살아가는 생물에 대한 지식을 늘리기 위해 새로운 길을 찾아냈고, 지금도 계속 그 길을 넓혀가고 있다.

극지방 탐사가 부족했던 이유는 접근이 상대적으로 어렵다는 점 때문이었으므로, 막상 이 지역에서 표본조사가 진행되기 시작하자 새로운 발견이 놀라운 속도로 줄을 이었다. 이 외딴 지역에 탐사를 나갈 때마다 거의 매번 새로운 형태의 생물들을 발견했다. 전 세계 바다 수심 3,000미터 이하에서 발견된 생물 종 중 절반이 과학계에 처음 소개되는 종이었고, 남극해처럼 고립된 지역에서는 95퍼센트에 가깝다. 예를 들면, 2004년에서 2007년까지 세 번의 남극해 탐사에서 700종 이상의 신종을 발견했다.

숨겨졌던 바다의 베일을 벗기다

2005년에 개체조사팀 연구자 열한 명을 포함해서 4개국(미국, 캐나다, 러시아, 중국)에서 모인 스물네 명의 과학자들은 미국의 연안경비정 힐리Healy 호를 타고 지구 최북단으로 30일간의 여행을 떠났다. 짧은 기간인 여름 극지방으로 떠났던 이 탐사를 통해 북극해에 생물들이 놀라운 밀도와 다양성으로 분포하고 있음을 밝혀낼 수 있었다.

이 탐사 기간 동안, 기대하지 못했던 많은 수의 다양한 대형 북극해파리, 오징어, 대구 및 그 밖의 다른 동물들이 수천 년간 20미터 두께의 얼음으로 보호받으면

Aulacoctena종인 이 빗해파리는 북극 캐나다 해저분지 심해에서 원격조정 잠수정을 이용해서 채집했다.

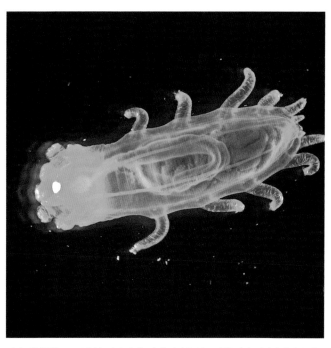

이런 해삼들은 2005년 '숨겨진 바다' 탐사 기간 동안 조사한 몇몇 서식처에서 우점종인 것으로 나타났다.

이 갯고사리는 캐나다 해저분지의 '숨겨진 바다' 탐사 기간 동안 원격조정 잠수정을 이용해서 채집했다.

이 고위도 북극 불가사리는 원격조정 잠수정을 이용해서 캐나다 해저분지 심해저에서 채집했다.

표본조사 방법은 환경에 대한 영향을 최소화할 수 있
는 것을 고른다. 이런 방법 중 하나가 스쿠버다이빙이
다. 다이버들이 얼음 밑으로 들어갈 준비를 하고 있다.

서 극한의 추위 속에서도 번성하고 있음을 발견했다. 힐리 호는 가파른 해령으로 둘러싸이고 얼음으로 덮인 거대한 구덩이인 캐나다 해저분지, 그리고 추크치Chukchi 해, 보포트Beaufort 해에서 수천 개의 표본을 채취한 후 '숨겨진 바다' 탐사를 마치고 항구로 돌아왔다. 이 탐사는 미국 해양대기관리처에서 후원했다.

과학자들은 비싼 승선 시간을 아끼기 위해 24시간 주야로 일하면서 열네 군데에서 표본조사를 했고, 그중 다섯 군데는 수심 3,300미터 이상의 깊이에서 작업했다. 탐사자들은 표본 채취 도구 한 벌을 준비했는데 거기에는 원격조정 잠수정, 해저촬영 장비, 얼음 밑 촬영 장비, 스쿠버다이빙 장비 등이 들어 있었고 중층그물, 상자형 해저표본 채취기, 얼음표본 채취기 등으로 부족한 부분을 보완했다.

수집된 수천 개의 표본과 영상 중에서 과학자들은 해파리, 갯지렁이 신종을 발견할 것으로 예상하고 있고, 북극해에서는 처음 발견되는 오징어와 문어도 있을 것으로 예상하고 있다. 하지만 그 표본들을 공식적으로 신종으로 인정하기까지는 몇 년이 걸릴 수도 있다. 검토 과정이 대단히 엄격하고 상세하기 때문에 분류학 전문가의 협력도 필요하고 다른 유사 종들과 비교할 필요도 있다. 신종 가능성이 있는 종이 발견된 것에 더해서 갯벼룩 비슷한 갑각류, 혹은 단각류 두 종이 발견되어 과학자들의 호기심을 자극했다. 이것은 대단히 흔한 종이기는 하지만 얼음이 낀 환경에서는 발견된 적이 없었다.

"종합적으로 볼 때 동물의 밀도가 예상보다 훨씬 높았습니다. 전 세계 심해를 탐사한 탐사자들을 놀라게 했던 풍부한 생물 다양성을 연구가 가장 덜 된 바다인

북극해를 탐사하려면 모험심과 유머감각이 있어야
한다. 잠수부 엘리자베스 시돈Elizabeth Siddon은 이 두
가지를 모두 잘 보여준다. (사진 속: 생일 축하해요, 엄마)

북극해 심해에서도 마찬가지로 볼 수 있다고 이제는 확신할 수 있을 듯합니다.” 개체조사팀 연구자인 보딜 블럼의 말이다.

남극해의 놀라움

남극해는 대서양, 태평양, 인도양의 남쪽 부분을 모아서 부르는 말이지만 평균 수온이 낮고 바닷물의 염도가 다른 대양의 바닷물에 비해 낮기 때문에 독립된 대양으로 생각하는 경우도 있다. 남극해는 3,500만 평방킬로미터, 즉 전 세계 바다의 10퍼센트를 덮고 있으며, 지구에서 가장 신비하고도 불안정한 바다다. 수백 년간 항해인들은 남극해를 ‘울부짖는 40도’라고 불렀는데, 이는 지구의 황량한 남위도 지역을 가로지르며 울부짖듯 끊임없이 부는 바람을 지칭하는 말이다.

남극해는 남극환류Antarctic circumpolar current의 영향도 받는데, 남극환류는 서쪽에서 동쪽으로 초당 1억 4,500만 입방미터의 속도로 흐르는 강력한 해류다. 이 속도는 전 세계 강물의 흐름을 모두 합한 것보다도 빠른 것이다. 이 강력한 해류는 남극해를 소용돌이치듯 돌게 만드는데 과학자들은 조사를 통해 이것이 전 세계 바다의 생물 분포와 지속되고 있는 기후 변화에 어떤 역할을 하고 있는지 알아내려 한다.

한 개체조사 탐사는 기후 변화로 갑작스럽게 접근이 가능해진 1만 평방킬로미터의 남극 해저를 대상으로 잡고 진행되었다. 1995년과 2002년에 라르센 A 빙붕과 B 빙붕이 각각 붕괴되면서 열리게 된 영역(이 붕괴로 자메이카 크기의 영역이 열렸다)을 대상으로 쉰두 명의 해양과학자 그룹이 처음 포괄적인 생물학적 조사를 진행했다.

알프레드 베게너 극지 해양 연구소에서 운영하는 독일 쇄빙선 폴라슈테른 호를 타고 연구자들은 남극대륙 먼 바다에서 10주간 수심 850미터까지 차가운 바닷물 속을 조사했다. 그들은 3중의 임무를 맡고 있었는데, 역사적으로 알려진 가장 큰 빙붕의 붕괴가 환경에 미칠 영향을 조사하고, 라르센 A 빙붕과 B 빙붕 아래 어떤 고유 해양생물이 살고 있는지 조사하고, 빙붕 붕괴 이후에 어떤 새로운 생물들이 이 기회를 틈타 새로 찾아와 살게 될지를 조사하는 것이 그 임무였다. 정밀한 표본조사 기구와 관찰 기구를 사용해서 폴라슈테른 호의 전문가들은 풍부한 새로운 통찰을 얻어냈고, 수집한 1,000종의 표본 중에서 새로운 종일 가능성이 있는 낯선 생물체들을 발견해 냈다.

“이 빙붕들이 붕괴하면서 적어도 5,000년간, 라르센 B 빙붕 지역의 경우는 아마도 1만 2,000년 동안 얼음지붕으로 막혀 있던 거의 원시에 가까운 광활한 해저가 드러나게 되었습니다.” 독일 알프레드 베게너 극지 해양 연구소의 해양 생태학자

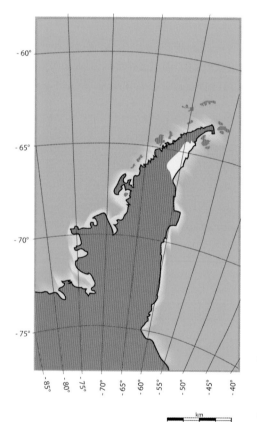

노란색으로 표시한 영역은 라르센 A 빙붕과 B 빙붕의 붕괴되기 전 위치를 대략적으로 나타낸 것이다.

커다란 남극 빙하가 대륙 연안에 도달하면 바닷물보다 비중이 낮기 때문에 물 위에 떠올라 빙붕의 일부가 되면서 커다란 빙괴를 바다로 떨어뜨려 빙산을 만든다. 1974년 이후로 총 1만 3,500평방킬로미터의 빙붕이 남극대륙에서 떨어져 나왔는데, 이 현상은 지난 50년간 이 지역 기온이 상승한 것과 관련이 있다. 과학자들은 다른 지역에서도 이렇게 얼음들이 계속 떨어져 나오면 떠다니는 얼음의 양이 많아지면서 해수면이 높아지지 않을까 걱정하고 있다. 여기 보이는 사진은 이전에 라르센 B 빙붕이 있던 자리를 저녁에 촬영한 것이다.

파손된 라르센 B 빙붕과 남극대륙 연결 부위의 일부. 이 사진은 2006년에서 2007년까지 웨델 해에서 있었던 연구선 폴라슈테른 탐사 ANTXXIII/8에서 촬영한 것이다.

이자 폴라슈테른 탐사의 수석 과학자인 줄리안 거트Julian Gutt의 설명이다. "라르센 빙붕의 붕괴는 기후 변화가 해양의 생물 다양성에 미치는 영향과 생태계의 기능에 대해서 많은 것을 알려줄지도 모릅니다."

이번 탐사가 있기 전에는 과학자들은 남극 빙붕 아래 살아가는 생물들을 드릴 구멍을 통해서 살짝 엿보는 것으로 만족해야 했다. 이제 더 이상 얼음으로 가려져 있지 않기 때문에 폴라슈테른 호에 올라탄 과학자들은 지구상에서 인간의 영향이 가장 덜 미친 것으로 생각되는 해양 생태계를 직접 관찰할 수 있게 되었다.

폴라슈테른 호에 올라탄 과학자들은 독특한 관점에서 흥미로운 관찰을 많이 할 수 있었다. 남극해의 해저 침전물은 기반암 지대에서 순수한 진흙 지역에 이르기까지 대단히 다양한 형태로 존재했다. 그 결과, 해저에 살아가는 표재동물들도 비록 라르센 A, B 지역에서는 개체 수가 훨씬 많이 떨어지기는 하지만(남극 웨델 해 동부 해저 동물 개체 수의 1퍼센트에 불과하다) 다양성 면에서는 그렇지 않았다. 표재동물의 개체 수가 많이 떨어짐에도 불구하고 라르센 지역의 상대적으로 얕은 바다에서 심해 바다나리(크리노이드crinoid 류)와 그 친척뻘 동물, 해삼, 성게 등이 풍부하게 발견되어 과학자

라르센 B 지역에는 해삼이 풍부했다. 흥미롭게도 여기 보이는 해삼들은 모두 같은 방향으로 머리를 향하고 있다.

들의 호기심을 불러일으켰다. 이 생물 종들은 수심 2,000미터 이상의 지역에서 주로 발견되는 것들이다. 이들은 빙붕 아래처럼 자원이 부족한 곳에서도 잘 적응해서 살아간다.

라르센 지역에 새로 들어와 군집을 이룬 것으로 보이는 생물 중에는 성장 속도가 빠른 젤라틴 타입의 멍게gelatinous sea squirt도 있었다. 과학자들은 밀도가 높은 멍게 군집을 발견했고, 아마도 이 멍게들은 2002년에 빙붕이 붕괴된 이후에야 라르센 B 지역에 들어와 군집을 이룰 수 있었을 것이라고 추측된다. 육방해면류glass sponge라고 불리는, 성장 속도가 대단히 느린 동물도 발견했는데, 최대 밀집 지역은 라르센 A 지역에 있었다. 이 지역은 생물들이 군집을 이룰 시간이 라르센 B 지역보다 7년 정도 더 길었다. 어린 육방해면류가 많이 관찰되는 것으로 보아 지난 12년간 종의 구성과 개체 수에 변화가 있었음을 추측할 수 있다. 개체조사팀 연구자들은 신종일 가능성이 있는 생물들도 발견했다. 이들은 분류학적 분석을 앞두고 있다.

폴라슈테른 호와 헬리콥터는 각각 700해리(1,300킬로미터)와 8,000해리(15,000킬로미터)의 바다를 탐사하면서 남극해 해양포유동물의 존재 여부와 그 행동 습성을 기록했다. 그중 중요한 것을 살펴보면 부빙 가장자리 근처에서 밍크고래를 관찰한 것과 엘레판트 섬 근처에서 대단히 희귀한 부리고래 종류를 발견한 것을 들 수 있다. "꽤 많은 밍크고래들이 이렇게 빨리 새로운 서식처로 들어와 자리 잡고, 그곳을 이용하는 것을 보고 무척 놀랐습니다. 이것은 수중 생태계에 상당한 변화가 있었다는 것을 의

위: 성장 속도가 빠른 이 멍게들은 라르센 A 지역에서 발견한 것들이다. 이들은 빙붕 붕괴 이후에 찾아온 생물 다양성의 자연적 변화를 말해주고 있는지도 모른다. 사진 앞쪽 멍게에는 갑각류 두 마리와 거미불가사리 한 마리가 달라붙어 살고 있다.

오른쪽: 라르센 A 지역 탐사에서 발견한 대형 육방해면류. 이것은 성장 속도가 대단히 느리다. 따라서 이 정도의 크기라면 최근에 빙붕이 떨어져 나가기 전부터 이곳에 있었을 가능성이 크다.

미합니다." 독일 뷔줌Büsum에 있는 서해안기술연구센터Research and Technology Centre Westcoast의 전문가 마이케 샤이다트Meike Scheidat는 이렇게 말한다.

남극 개체조사 사업 팀장인 마이클 스토더트에 따르면 남극대륙의 기온이 오르면서 따라오는 중요한 결과는 해빙이 천천히 줄어들면서 그 아래 살던 조류 플랑크톤이 줄어드는 것이라고 한다. 이 조류 플랑크톤은 새우처럼 생긴 작은 동물인 크릴의 먹이이기 때문에 결국 남극의 상징적 대형 동물인 펭귄, 고래, 바다표범 등을 떠받치고 있는 해양 먹이망의 기반을 이루는 생물이다. 대왕고래는 하루에 크릴 400만 마리를 먹어치운다. 스토더트는 이렇게 말한다. "조류는 풍요의 원천이자 양질의 겨울철 먹잇감의 원천이고, 결국 전체 생태계의 건강에서 가장 핵심적인 존재입니다." 그는 덧붙이기를 최근 영국의 동료가 연구한 바에 의하면 남극대륙의 크릴 개체 수가 심각하게 줄어들고 있다고 한다.

지식의 창을 열다

2008년에는 다른 남극 연구선 세 척이 남극해 탐사를 마치고 돌아왔다. 앞서 탐사에 나섰던 연구선과 마찬가지로 이 세 척도 동남극대륙 근처의 차가운 바다에서 다양한 해양생물을 채집했으며, 그중에는 알려지지 않은 종도 있었다.

연구선 오로라 오스트랄리스Aurora Australis 호(호주)와 협력 연구선인 아스트롤라베L'Astrolabe 호(프랑스), 우미타카 마루海鷹丸 호(일본)는 협력을 통해 자원의 활용 범위를 넓힐 수 있을 뿐만 아니라 탐사에서 얻은 지식과 통찰을 크게 더 발전시킬 수 있다는 것도 보여주었다. 프랑스 연구선과 일본 연구선에 올라탄 팀은 중층과 상층의 바다 환경을 조사한 반면, 오로라 오스트랄리스 호에 올라탄 팀은 해저에 집중했다. 그들의 연구 활동에는 기술력이 핵심 역할을 했다.

오로라 오스트랄리스 호의 탐사 팀장이자 호주남극연구소의 개체조사팀 연구자인 마틴 리들Martin Riddle은 이번 탐사를 통해 이전에는 알려지지 않았던 환경에서 살아가는 엄청나게 풍부하고 복잡한 생물들을 찾아냈다고 말한다. 이 팀은 끌그물 꼭대기에 비디오카메라와 디지털 카메라를 장착해서 사용했다고 한다. "끌그물로 채집한 표본들을 갑판 위로 끌어내서 보면 마치 마리나라토마토 · 마늘 · 향신료로 만든 이탈리아 소스_옮긴이를 걸쭉하게 섞어놓은 것처럼 보일 때가 많습니다. 하지만 카메라를 통해 확인해 보면 망가지기 전에는 어떤 형태였는지 정확히 볼 수 있죠." 리들은 이렇게 얘기한다. "어떤 곳에서는 바닥 전체가 생물로 빈틈없이 채워져 있기도 했고, 다른 곳에서는 빙하가 바닥을 긁고 지나가면서 흉터처럼 만들어놓은 홈이 보이기도 했

새디 밀스Sadie Mills와 니키 데이비Niki Davey가 남극 바다에서 채집한 대형 불가사리 Macroptychaster(직경이 최고 60센티미터)를 들고 있다.

습니다. 거대화가 남극 바다에서는 아주 흔히 일어나는 현상입니다. 우리가 채집한 것들 중에는 거대한 무척추동물이나 거대 갑각류, 큰 접시만 한 바다거미도 있었습니다."

마틴 리들은 이번 조사로 남극해 환경 변화의 영향을 관찰할 수 있는 기준점이 마련됐다고 말한다. 대륙붕에서 심해로 이어지는 협곡 수심 800미터 정도 지역에서 냉수성 산호 군집을 찾아낸 것은 특히나 중요한 발견이었다. 탄산칼슘 기반의 이 군집은 대기 중 이산화탄소 농도 상승으로 인한 바닷물의 산성화로 가장 먼저 영향을 받을 해양생물 군락 중 하나다.

바닷물에 이산화탄소가 증가하면 탄산의 양도 많아지고, 그렇게 되면 해양생물들이 껍질과 골격을 만들 때 많이 사용하는 탄산칼슘의 용해도가 높아지고 만다. 이 영향은 차가운 바다나 심해에서 가장 두드러지기 때문에 이 군집을 계속 관찰하면 나중에 다른 바다에서도 일어날 수 있는 영향을 미리 경고해 주는 역할을 할 수 있다. 리들은 파괴되기 쉬운 해저생물 군집과 상업적 가치가 있는 어류 사이의 연

남극해 해저에서 발견한 대형 불가사리

관성을 조사해서 지식을 더 많이 쌓게 되면 어업이 어떤 영향을 미치는지, 특히나 바닥 끌그물이나 해저에 버려진 주낙이 얼마나 파괴적인 영향을 미치는지 예측하는 데 도움이 될 것이라고 말한다.

라르센 빙붕을 연구했던 동료들과 마찬가지로 리들도 남극해 수면 밑에 자리 잡은 복잡한 생물 다양성과 그것이 그 지역과 전 세계 생태계에서 차지하는 중요성을 과학자들이 이제 막 이해하기 시작했을 뿐이라고 생각한다. 그와 그의 동료 탐험가들은 자신의 연구가 동물 군집이 어떻게 독특한 남극의 환경에 적응해 왔는지 이해할 수 있는 기반을 마련하고 있으며, 지역의 변화 속도가 점차 빨라짐에 따라 이 지식을 좀 더 폭넓게 적용할 수 있는 틀을 제공하고 있다고 믿는다.

남극과 북극: 두 얼음 바다의 차이점

2005년 북극 지역을 대상으로 진행한 개체조사 탐사 기간 동안 미국 연안경비정 힐리 호에 승선한 해빙 연구팀 소속 인원 중 일부가 승강기를 타고 캐나다 해저분지의 얼음 위에 내리고 있다.

남극과 북극은 말 그대로 서로 지구 반대편에 있지만 지리적인 차이는 수많은 차이점 중 하나에 불과하다. 남극은 바다로 둘러싸여 얼음으로 뒤덮인 대륙인 반면, 북극은 대륙과 그린란드로 둘러싸인 바다다. 이 양쪽 지역의 물리적 특성의 차이로 인해서 그곳에 있는 해빙에도 차이가 생긴다. 북극해를 둘러싸고 있는 대륙들은 해빙이 움직이지 못하도록 막는 장벽 구실을 하기 때문에 북극의 해빙은 남극을 둘러싸는 해빙처럼 이동성이 크지 않다. 하지만 북극 해빙도 대양 분지 안에서 계속 움직이고 있기 때문에 부빙들이 서로 충돌하고 겹쳐져 쌓이면서 두꺼운 얼음 융기를 만들어낸다. 이렇게 부빙이 한데 모이기 때문에 북극의 얼음은 남극대륙 연안의 남극해에서 자유롭게 떠다니는 해빙에 비해 더 두꺼워진다.

북극의 얼음 융기가 두껍다는 것은 얼음 중 일부가 여름철에도 녹지 않고 언 채로 남아 있다가 가을이 오면 다시 자라난다는 것을 의미한다. 1,500만 평방킬로미터의 겨울 해빙 중 여름을 지나면서 남는 해빙의 넓이는 평균 700만 평방킬로미터인 것으로 추정되고 있다. 지구 온난화가 진행되고 있는 관계로 이 수치에 관심이 집중되고 있다.

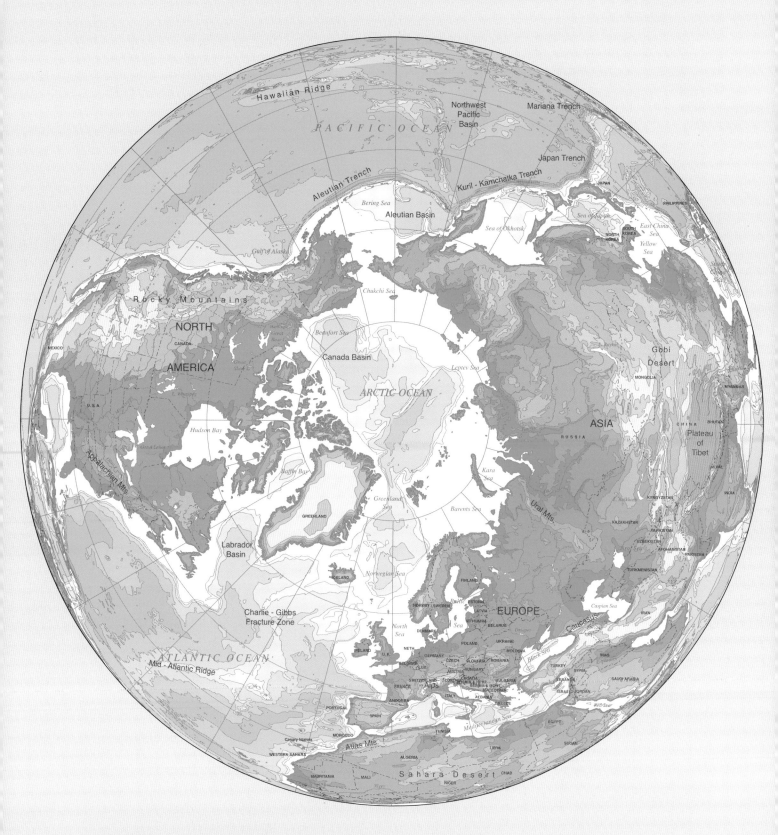

지구 꼭대기에 있는 북극해는 거의 대부분 육지로 둘러싸여 있어서 해빙이 대양 분지 밖으로 이동하지 못한다.

북극곰 암컷과 새끼 한 마리가 미국 연안경비정 힐리 호에 승선한 개체조사팀 연구자들을 찾아왔다. 호기심 많은 이 북극곰들은 배 주변 200미터 앞까지 다가왔다.

펭귄은 모두 열일곱 종이 있는데 그중 여섯 종은 남극에 산다. 이 젠투 펭귄 사진은 2007년 3월부터 2009년 3월까지 국제극관측년 기간 동안 진행한 열여덟 번의 개체조사 탐사 도중에 촬영한 것이다.

남극해의 해빙은 북극해 해빙보다 얼음 융기를 형성하는 경우가 적다. 그리고 북쪽으로 대륙에 막혀 있지 않기 때문에 얼음이 따뜻한 바다로 흘러들어가 결국 녹아버리는 경우가 많다. 북극과 달리 남극에서는 겨우내 얼었던 해빙들이 여름이 되면 거의 녹아버린다. 겨울에는 최고 1,800만 평방킬로미터까지 바다가 해빙으로 덮이지만 여름 끝 무렵에는 300만 평방킬로미터만 남는다.

남극대륙을 둘러싸는 해빙은 매년 새로 만들어지기 때문에 북극 해빙보다 훨씬 얇다. 남극 해빙은 보통 1~2미터 두께인 반면, 북극 해빙의 두께는 보통 2~3미터 정도이고 어떤 곳에서는 4~5미터에 이르기도 한다.

이 두 극지에 사는 생물도 차이가 난다. 예를 들면, 북극곰은 북극에만 산다. 남극에는 가끔 찾아오는 연구자나 관광객 말고는 육상 포유동물이 살지 않는다. 반면 북극해를 둘러싸는 뭍에는 순록, 늑대, 사향소, 토끼, 나그네쥐, 여우, 사람 등 몇몇 육상 포유동물이 살고 있다. 100종이 넘는 새들이 북극을 고향으로 삼고 살지만 지구 반대편의 최남단 대륙에서 살기로 마음먹은 새는 그 종의 숫자가 북극의 절반도 안 된다.

얼음 구성의 차이나 살아가는 생물 종의 차이 등 많은 차이에도 불구하고 양쪽 극지의 얼음 바다는 똑같은 과제에 직면해 있다. 그것은 바로 이 양쪽의 연약한 생태계가 기온 상승과 환경 변화에 어떻게 신속하게 적응할 것인가라는 과제다.

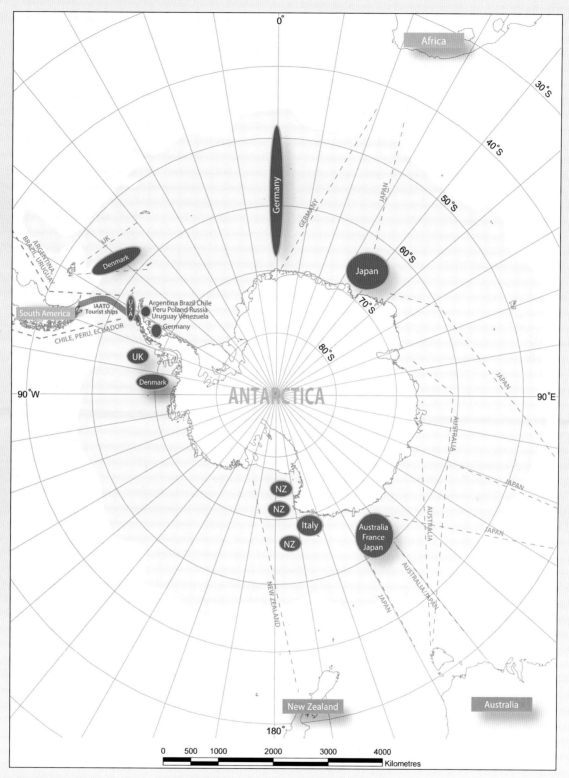

남극 해양생물 개체조사 사업의 일환으로 국제극관측년(2007~2009년)에 진행한 열여덟 번의 연구 탐사는 탐험이 거의 이루어지지 않은 이 지역에 대한 지식을 크게 넓혔다.

베네수엘라 바위섬 군도Los Roques Archipelago의 라펠로나 섬에 있는 거대한 분홍거미고둥Strombus gigas 조개무지 사진. 이것은 스페인 이전 시기[유럽이 아메리카 대륙으로 진출하기 이전 시기_옮긴이]에 만들어진 것이다. 1200년에서 1500년 사이에 이 군도에서 적어도 550만 마리의 분홍거미고둥이 남획되었다. 분홍거미고둥은 잘피 밭과 산호초 주변의 얕은 모래바닥 지역에서 살았기 때문에 쉽게 잡혔는데, 이 사진에서 보는 것처럼 식민지 시대 이전의 남미 토착민들이 그 개체 수에 미친 큰 영향만 봐도 이 고둥이 얼마나 잡기 쉬웠는지 알 수 있다. 베네수엘라 정부가 1991년에 분홍거미고둥 어업을 금지하기 전까지 이 지역 분홍거미고둥은 심각한 남획에 계속 시달렸다.

제6장

바다 가장자리에서 만난 뜻밖의 다양성

제가 일생을 바쳐 꼭 해내고 싶은 일은 현재의 지구에 대해 가능한 한 많은 기록
을 남겨서 인류의 활동으로 돌이킬 수 없게 바뀌기 전 지구의 모습은 어땠는지
알 수 있는 기준선을 미래 세대에게 만들어주려는 것입니다.

— 구스타프 폴레이Gustav Paulay
플로리다 자연사 박물관, 박물관장 겸 교수,
산호초 개체조사 프렌치 프리깃 모래톱 탐사
참가자

인류와 바다 간의 상호작용은 인류 사회의 형성 과정과 세계사에 큰 영향을 미쳤
다. 바다는 지금까지 오랜 세월 동안 상대적으로 안정적인 기후를 유지해 주고, 식
량과 의약물질을 공급해 주고, 무역의 무대이자 휴양지로서의 역할을 하는 등 인간
에게 많은 것들을 베풀어왔다. 특히 바다는 인류의 중요한 이동 경로이자 흥미진진
한 탐험 수단이었다. 하지만 이런 오랜 역사에도 불구하고, 바다에 대한 인류의 지
식은 생각만큼 넓지 못하다. 전 세계 해저 중 탐험이 진행된 곳은 5퍼센트도 되지
않는다. 개체조사 사업은 조직적인 조사를 통해 세계 해양생물의 다양성 목록을 작
성하고 있는 중이지만 새로운 종이나 서식처, 생물 군집을 발견하는 일은 어쩌다
운이 좋아 적시적소에 있게 된 덕분에 발견하는 경우가 많다. 그것도 접근이 불가
능한 해저에만 그런 것이 아니라 인류가 바다와 가장 직접적으로 만나는 가까운 바
다에서도 그런 경우가 꽤 있다.

　계속 새로운 발견이 이어질 때마다 우리가 바다에 대해 아는 것이 정말 얼마나
보잘것없는지를 새삼 느끼게 된다. 아마도 사람들은 탐사가 거의 진행되지 않은 심
해저평원, 열수공, 심해 해구처럼 멀리 동떨어진 특수한 환경에서 연구하는 과학자
들이 놀라운 발견을 하게 되지 않을까 하고 생각할 것이다. 하지만 인간의 영향을
가장 많이 받은 연안 지역을 조사하는 연구자들도 생각지도 못했던 생물 군집을 발
견하는 경우가 있고, 이들도 마찬가지로 다양한 연안 생태계에서 판단의 기초가 될

원래 Plesionika chacei라는 종으로 확인된 이 심해 새우는 하와이 연안에서는 처음 발견되는 것일 가능성이 있다. 과학자들은 이 새우의 종을 정확히 확인하고, 또 북서부 하와이 군도에서 예전에 존재했었다는 증거가 있는지 확인하려고 조사를 진행 중이다.

기준선을 확인하기 위해 애쓰고 있다. 이들의 발견을 보면 개체조사 연구가 얼마나 가치 있는 작업인지 알 수 있고, 또한 해양과학자들과 연안해양과학자들이 알려지지 않은 종들을 알아내기 위해 왜 그렇게 서두르고 있는지도 이해할 수 있다. 이런 연안 환경에서 무엇이 살았고, 현재 무엇이 살고 있는지를 모르면 이들 생태계를 건강하게 적절히 보존해서 우리가 하루하루 이 생태계로부터 얻고 있는 혜택을 이어가리라고 기대하기는 힘들다. 가장 시급한 문제는 연안에서 앞으로 일어날 변화를 측정할 수 있는 기준선을 확립하는 것이고, 해양생물 개체조사 사업이 시도하는 과제도 바로 이것이다.

해양생물 개체조사 현장조사 사업 중 세 개가 '인간 활동 가장자리' 라고 이름 붙인 이 연안 환경을 대상으로 진행 중이다. 더 넓은 영역을 대상으로 진행 중이거나 다른 바다 영역을 주 대상으로 진행 중인 다른 프로젝트들 중에도 이 영역에 대한 프로그램을 진행하는 것들이 몇 개 있다. 연안 현장조사 사업은 육지와 가까워서 그곳에 사는 사람들의 영향을 직접 받는, 상대적으로 좁은 바다 지역을 기반으로 연구를 진행한다. 이 지역(특히 산호초, 해안선, 연안의 만, 연안바다)은 인류가 자원을 위해 의존하는 부분도 크고, 다른 영역에 비하면 접근해서 연구하기도 상대적으로 쉬운 편이라 지금까지 해양 연구는 이들 연안 환경에 상당 부분 집중되어 왔다. 인류가 식량과 서비스를 위해 의존하는 생물 종이나 아름다움으로 높이 평가받는 생물 종 등을 포함해서 전 세계 바다와 거기 살아가는 생물들에 대해서 모르는 것이 많은 상태에서는 해양생물들을 제대로 아끼고 보존하기가 힘들다. 개체조사 사업은 미래의 과학 연구와 해양자원 관리에 정확한 기준선을 제공하기 위해서 지식 기반을 마련하려 노력하고 있다.

북서부 하와이 군도의 산호초

산호초를 조사하는 개체조사팀 과학자들은 하와이 군도에서 시작해서 전 세계로 연구 범위를 넓히면서, 위험에 처한 이들 생태계의 생물 다양성과 종 구성을 평가하고 있다. 2006년 10월에는 북서부 하와이 군도 해양천연기념물Northwest Hawaiian Islands Marine National Monument의 산호초 환경을 조사하기 위한 첫 탐사에 착수했다. 이곳은 인간의 손길이 닿지 않은 원시 그대로의 바다이며, 세계에서 가장 외딴곳에 있는 섬 야생동물 보호구역이다. 여러 대학과 정부 기관 그리고 박물관 인력으로 구성된 개체조사팀 연구자들이 3주 동안 이 외딴 군도에 있는 프렌치 프리깃 모래톱 주변의 해양 환경을 조사했다. 이 탐사의 목적은 이 지역의 생물 다양성을 조사하는 동시에 연구가 부족한 생물 종 그룹을 대상으로 잡아서 그들에 대한 생태학적, 분류학적 지식을 확장하는 것이었다.

개체조사팀 연구자들은 산호초 자체는 파괴하지 않으면서 산호초의 생물 다양성을 표본조사할 수 있는 기술을 사용하느라 애를 많이 먹었다. 해저에서 흡입식 표본채집기를 사용하기도 하고, 산호 조각을 붓으로 세밀히 조사하기도 하고, 덫을 놓기도 하는 등 이 지역에서 다양한 채집 방법을 사용해서 과학자들은 분류학적 분석을 보완하기 위한 1,200개의 DNA 표본을 포함, 대략 4,000개의 표본을 채집했다. 표본을 분류하고 나서 과학자들은 이번 작업으로 갑각류, 산호, 멍게, 갯지렁이, 해삼, 연체동물 등에서 100개가 넘는 신종을 가려낼 수 있을 것이라고 추정했다. 이번 탐사로 얻은 또 하나의 결과물은 기존에 알려진 분포

해저에서 생물을 채집하려면 혁신적인 방법이 필요하다. 이 사진 속에서는 공기 펌프를 이용해서 진공청소기를 쓰듯 조심스럽게 해저표본을 채취하고 있다.

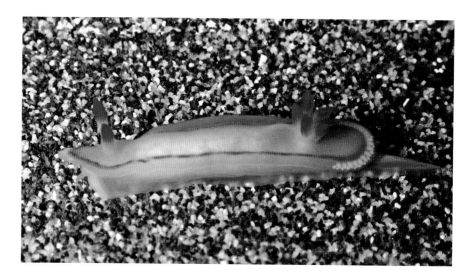

이 갯민숭달팽이Thurunna kahuna는 외피막에 방어용 독분비선(오른쪽에 주름진 초생달 모양으로 생긴 부분)이 있다. 이곳에서 독을 분비해서 포식자를 떼어놓는다. 이 표본은 하와이 키히 초호Keehi lagoon와 좀 떨어진 장소에서 산호석coral rubble(산호가 죽어서 산호초 골격만 남은 것_옮긴이)을 뽑아내는 과정에서 발견한 것이다.

범위보다 더 넓은 곳에 분포하는 것으로 밝혀진 생물 종이 많다는 것이다. 예를 들어, 이 지역에서 발견된 적이 없는, 적어도 열여덟 종의 산호는 이제 프렌치 프리깃 모래톱에서 관찰된 것으로 기록이 남게 되었다.

새로운 종을 많이 발견하고 기존 생물 종의 분포 범위를 확장한 것 외에도 북서부 하와이 군도 탐사를 통해 길이 남을 유산 하나를 물려주게 되었다. 연구자들은 2006년에 산호초 자동감시 구조물autonomous reef-monitoring structure을 설치했다가 2007년도에 회수했다. 일명 '인형의 집'이라는 별명이 붙은 이 구조물은 산호초의 구조를 흉내 낸 것으로, 산호에게 서식처를 제공하려고 만든 것이다. 이 구조물의 목적은 산호초가 다시 군체를 형성하는 과정을 연구할 방법을 제공해서 오염이나 폭풍, 선박에 갈리는 등의 손상을 입었을 때 산호초가 어떻게 회복하는지를 관찰하고 해석할 수 있게 하려는 것이다. 이런 정보들은 앞으로 산호초 환경을 관리하고 보존하는 데 아주 값진 지침을 제공해 줄 것이다.

메인 만: 과거와 현재

메인 만은 인간이 세계에서 가장 왕성하게 이용한 생태계 중 하나다. 역사적으로 오랫동안 메인 만은 연안 주변의 사람들에게 식량과 광물자원을 제공했고 운송 경로를 제공했다. 수많은 사람들의 일상에서 메인 만은 너무도 중요한 역할을 했기 때문에, 오랫동안 과학 연구의 대상이기도 했다. 메인 만에서 진행한 해양생물 개체조사 작업을 통해서 생물 다양성에 대한 이해의 폭이 기대 이상으로 넓어지고 있다. 애초에는 2,000종 정도를 예상했으나 이제는 메인 만을 집으로 삼고 살아가는 동물 목록이 3,200종을 넘어 계속 늘어나고 있다. 많은 개체조사팀 연구자들은 서

개체조사팀 연구자들이 산호초 자동감시 구조물을 북서부 하와이 군도에 설치하고 있다. 이 구조물은 PVC로 만들었으며, 자연 산호초에 있는 구석과 틈 등을 흉내 내서 만든 것이다. 산호초 자동감시 구조물은 이제 막 손상된 해저 공간에 어떻게 해양생물들이 모여드는지를 검사하는 연구에 사용한다.

로간의 협력을 통해서 많은 것을 밝혀가는 중이다.

메인 만 프로젝트는 메인 만의 해안선과 연안 지역을 두 가지 관점에서 조사하고 있다. 하나는 표준적인 방법을 통해 해안의 생물 다양성을 연구하는 것이고, 다른 하나는 세밀한 역사 자료 검토를 통해 연구하는 것이다. 메인 만 연구자들은 이 지역의 생물 다양성과 그 다양성이 최근에 어떤 변화를 거쳐 왔는지에 대한 완전한 그림을 얻어가는 중이다.

연안 생물 다양성의 역사를 연구함으로써 현재 이 지역의 생물 다양성을 역사적 맥락에서 이해하고 그것을 바탕으로 미래의 생물 다양성을 추정해 볼 수 있게 되었다. 이 일에는 미국과 캐나다가 참여하고 있다. 이 일의 목적은 생태계 기반의 관리법을 적용하자는 것이다. 생태계 기반의 관리법이란 메인 만에 어떤 변화를 가하거나 그 생태계에서 무언가를 채취했을 때 생기는 연쇄 효과를 고려하는 관리법을 말한다. 개체조사 연구를 통해 메인 만을 역사적 관점에서 어떻게 바라봐야 할지가 선명하게 틀이 잡히고 있는데, 이런 관점들이 생태계 기반의 관리법을 적용하는 데 무척 중요한 도구가 되어줄 것이다. 해양자원 관리 문제를 두고 양쪽 국가에서 논쟁하다 보면 여러 가지 쟁점들이 부각되는데, 이것은 그런 쟁점을 해결하는 데도 역시 도움이 될 것으로 보인다.

왼쪽: 메인 만 연안 지역처럼 탁한 물속에서 연구를 수행하려면 과학자는 전문 다이버와 동행해야 한다.

142쪽: 북서부 하와이 군도에서 채집한 이 pontoniine 새우는 길이가 2밀리미터도 안 되지만 대단히 큰 집게발로 무장하고 있다. 과학자들은 이렇게 작은 새우에게 왜 이렇게 큰 집게발이 필요한지 아직은 밝혀내지 못했지만, 다른 새우들 대부분과 마찬가지로 먹이를 습득하고 이성을 유혹하고 자신을 방어하는 데 사용할 것으로 추측하고 있다.

연구 협력

연안 표본조사 프로젝트는 해안선과 그에 인접한 얕은 바다 서식처의 생물 다양성을 조사하는 데 초점을 맞추고 있다. 이 프로젝트는 진정 국제적인 공조가 이루어지고 있다는 점에서 독특하다. 연구 장소만 해도 45개가 넘는 국가에 널리 퍼져 있다. 또한 지역 연구자나 학생, 자원봉사자의 도움을 받아 과학 자료를 수집하는 등 일반 대중들의 참여로 연구가 이루어지는 나라가 많다는 점에서도 독특하다. 지역의 협조를 이끌어내고 표준화된 연구 프로토콜을 사용함으로써 개체조사 사업은 수많은 연구 지역에 똑같은 과학적 방법을 적용할 수 있기 때문에 최대한 넓은 시야를 확보한 상태에서 연구를 진행할 수 있다. 이렇게 혁신적인 협력 방법을 과학에 적용함으로써 전 세계 연안의 생물 다양성에 대한 지식이 늘어

2007년 8월 잔지바르 탐사. 미국과 케냐의 학생들이 힘을 합쳤다.

났을 뿐만 아니라 다양한 배경을 가진 많은 사람들이 해양과학을 접하게 하는 효과도 있었다. 2004년에는 멕시코 만 남동부 해안가 플로리다 나이스빌 지역의 고등학교 학생들과 일본 태평양 연안 지역의 와카야마 현 고등학교 학생들이 양 대륙의 연안 생물 다양성을 조사하는 교환학생 프로그램에 참가했다. 우선은 플로리다 학생들이 개체조사의 구심점이 될 모임을 꾸려서 자기 집 근처의 멕시코 만에서 표본조사를 시작했다. 그해 말에 그 학생들은 일본으로 건너가 일본 학생들을 만나고 함께 세토Seto 해양과학 연구소의 연구 워크숍 과정에 참가해서 표본조사 및 분석 기술을 익혔다.

2006년에는 또 다른 고등학생 모임인 일본 미야기 현의 게센누마 고등학교 생물학 동호회 학생들이 나이스빌과 와카야마 현 학생들의 국제 연안 표본조사에 함께 참여하기로 했다. 이 학생 모임들은 그 이후로도 자기 지역 연안에서 표본 채집과 조사를 하는 등 작업을 계속해서 그 자료로 개체조사 사업에 힘을 보태고 있다.

2007년에 나이스빌의 학생들은 좀 더 야심찬 계획에 착수했다. 아프리카로 탐사를 가서 인도양 섬 중에서는 제일 먼저 표본조사를 진행하는 잔지바르에서 해양과학을 가르치고 표본조사 사업에 참여하는 것이다. 지방 대학교 학생들과 케냐 센트럴 주의 키짐카지 고등학교 학생들 그리고 아프리카와 미국의 연구자들과 힘을 합쳐서 나이스빌 학생들은 탄자니아의 전설적인 섬 잔지바르의 해안가에서 표본조사를 진행했다. 탐사의 목표는 이 지역의 평가 기준선 마련을 위한 표본조사를 개시하고 지역 고등학생들로 하여금 나이스빌, 와카야마, 게센누마 학생들이 그랬듯이 자체적으로 연안 표본조사 모임을 시작하도록 장려하는 것이었다. 이 교환학생 프로그램은 전 세계 고등학교 학생들에게 연구에 참여하고 자기계발을 할 수 있는 기회를 제공해 주었고, 이런 기회를 통해서 학생들과 환경 모두는 지속적으로 긍정적인 영향을 받게 될 것이다.

알래스카의 새 서식처

나기사 조사 사업 때문에 프린스 윌리엄 사운드 해협에서 표본조사를 하고 있었는데, 저와 같이 일하던 사람이 표본을 골라낼 때 사용하던 체를 배 옆으로 떨어뜨리고 말았죠. 우리는 체를 찾아오려고 잠수를 했는데(18미터), 거기서 우리 주에서는 볼 수 없던 완전히 새로운 서식처를 발견했습니다. 이제는 알래스카에서도 로돌리스Rhodolith 밭이 있다는 것을 알게 되었지요.

— 브렌다 코나Brenda Konar
알래스카 대학교 교수, 해양생물
개체조사팀 연구자

Nereocystis. 흔히 불켈프bull kelp라고 부르는 이 해조류는 북아메리카 대륙 태평양 연안과 얕은 만에서 자주 볼 수 있다.

브렌다 코나가 설명하고 있는 알래스카 로돌리스 밭의 발견은 연안 환경 개체조사 사업이 해양과학의 적용과 미래를 어떻게 바꿔놓고 있는지 잘 보여주고 있다. 로돌리스는 해저를 빽빽하게 채우며 집단으로 서식하는 비부착형 백악질 홍조류다. 알래스카에서 이것이 발견된 것이 중요한 이유는 전 세계적으로 로돌리스 밭은 다양한 생태계 안에서 없어서는 안 될 필수적인 역할을 하면서 중요한 서식지로 자리매김하고 있기 때문이다. 로돌리스는 다양한 해양생물 종의 어린 개체들이 보호받으며 자라고 대합조개나 가리비 등 중요한 상업 종들이 살아가는 핵심 서식처 역할을 하고 있다. 과학자들은 이렇게 새로 발견한 서식처가 주변 생태계와 어떻게 관계를 맺고, 알래스카 연안 환경의 건강과 기능에서 어떤 역할을 하고, 그 중요성은 어떤지 아직 분명히 알지 못한다.

로돌리스는 해류에 쓸려 바다 밑바닥을 굴러다니며 널리 퍼진다. 로돌리스에는 보통 로돌리스의 구조물을 서식처로 삼고 사는 다양한 생물 종이 붙어 있다. 알래스카에서 로돌리스가 발견되었다는 것은 이 바다에 아직 보고되지 않은 다른 생물 종이 있을 가능성이 있음을 암시하는 것이다. 이 새로운 정보로 말미암아 알래스카 바닷가 해저의 활용을 두고 논란이 불붙을 가능성이 커졌다. 현재의 법률과 규제방안 속에는 로돌리스 밭을 보존하기 위한 충분한 관리방안이나 보호방안이 마련되어 있지 않다. 최근에야 발견된 것을 보면 알래스카 지역의 로돌리스는 상대적으로 희귀한 것일 가능성이 많다. 생태계를 전체적인 큰 그림으로 봤을 때 이 로돌리스 밭이 어떤 위치를 차지하는지 그리고 그 주변 환경에서 그들이 어떤 역할을 담당하고 있는지를 정확하게 이해하지 못한다면, 해저의 관리와 활용방안은 조개 채취업자들과 환경보호론자 그리고 다른 이해 당사자들 사이에서 두고두고 논쟁거리가 될지도 모른다. 개체조사 연구를 계속 하다 보면 이 서식처를 적절히 관리하고 그와 연관된 사안을 정리하는 데 필요한 정보들을 얻게 될 것이다.

위: 북극 연안에서 찾아낸 화려한 얼룩무늬의 말미잘.
이 말미잘은 개체조사팀 연구자들이 해안선에 가까운
얕은 바다를 조사하다가 만난 생물 종들 중 하나다.

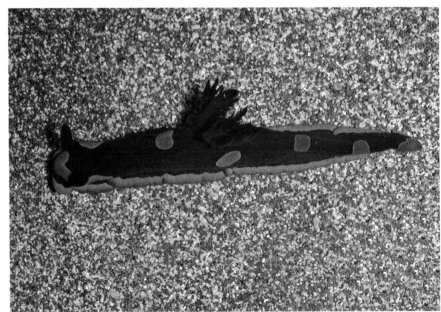

오른쪽: 하와이 키히 초호에서 좀 떨어진 장소에서
수집한 갯민숭달팽이Tambja morose. 이것은 산호석 서
식처에서 만나는 이끼벌레(군체를 이루어 사는 산호 비슷한 동
물)를 먹고 산다.

산호초의 보호

개오지과Ovulidae의 고둥Primovula be-ckeri 한 마리가 부채꼴 산호의 폴립을 먹고 있다. 이런 생태적 연합은 대단히 특화된 것으로 연체동물들은 자기가 얹혀사는 산호 종의 색상이나 심지어는 질감까지도 흉내 내는 능력을 발전시켰다.

산호초는 상업적으로 중요한 어장을 지탱해 주는 경우도 많고, 관광산업을 통해서 일부 국가의 경제적 기반 역할도 하고, 열대 해양 시스템에서는 생태학적으로 없어서는 안 될 중요한 서식처이기도 하다. 하지만 이런 생물학적, 경제적, 미적 중요성에도 불구하고 전 세계적으로 해양보호구역MPA, Marine Protected Area으로 설정된 곳은 20퍼센트에도 미치지 못한다.

미래의 해양동물 개체 수를 연구하는 개체조사팀 연구자들은 해양보호구역 내에 위치한 전 세계 18.7퍼센트의 산호초 서식지 중에서 2퍼센트만이 파괴를 막아줄 적절한 보호를 받고 있다고 결론 내렸다. 이렇게 적절한 보호가 이루어지지 않는 중요한 이유는 법률 정비가 부족하고, 어업, 밀렵, 혹은 다른 파괴적인 해양자원 이용 등을 단속하는 법 집행이 잘 이루어지지 않은 탓이다. 더욱 심각한 문제는 적절한 보호를 받지 못하고 있는 산호초 서식지들 대부분이 인도-태평양 지역, 카리브 해 등 생물 다양성이 가장 높은 지역에 몰려 있다는 점이다.

전 세계적으로 산호초를 유지하고 있는 대부분의 지역에는 해양보호구역이 들어 있지만, 이 보호구역의 질은 차이가 크다. 연구자들이 분석해 본 결과 보호구역들 간의 국제적인 공조가 심각할 정도로 부족하다는 결론을 내렸다.

어업 채취나 잠재적으로 파괴적일 수 있는 다른 활동들을 허가하는 등 많은 해양보호구역들은 여전히 이런저런 용도로 사용되고 있는 실정이다. 개체조사를 통해 밝혀진 내용들을 보면 앞으로의 보호대책을 좀 더 효과적으로 강구하고, 산호초가 환경과 인류에게 주는 혜택을 계속 유지하기 위해서라도 전 세계적으로 해양보호구역과 그 구역의 보호전략을 재평가할 필요가 있음을 보여주고 있다.

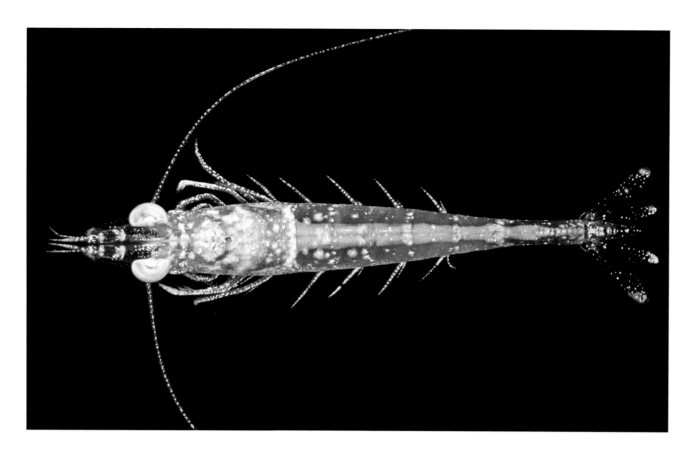

앞으로 나아갈 길

연안을 조사한 개체조사팀의 경험은 우리가 전 세계 바다의 생물에 대해서 모르는 것이 얼마나 많은지를 아는 계기가 되었다. 연안이나 얕은 만과 바다 그리고 산호초 등 우리에게 이미 익숙한 생태계에서 찾아낸 예상치 못했던 생물 다양성은 경험이 많은 해양과학자의 입장에서도 대단히 놀라운 것이었다. 우리가 무언가를 제대로 알고 이해하지 않고서는 그것을 보호하고 관리할 수 없다. 해양 환경, 그중에서도 연안 지역을 탐사해서 완전히 이해하고 성공적으로 보존하려면 앞으로도 가야할 길이 멀다. 개체조사 사업은 해양과 연안의 관리와 보존을 위해 가능한 한 최고의 출발점을 제공해 줌으로써 그 길을 이끌어 가고 있다. 구석구석을 살펴 새로운 발견을 하고, 학생들과 해양과학 관련 대기업까지도 참여시키는 프로그램을 운영하고, 역사적 지식을 미래를 향한 비전에 통합시키면서 해양생물 개체조사 사업은 연안과 산호초 환경에 대한 우리 지식의 빈 공간들을 채워나가고 있다.

위: 이 인상적인 새우는 북서부 하와이 군도의 프렌치 프리깃 모래톱에서 채집한 것이다.

148쪽: 물안경을 쓴 것처럼 보이는 이 갯지렁이는 다모류(多毛類, Polychaeta문)에 속하는 종이다. 다모류는 환형동물의 일종으로 털이 많이 나 있어서 그런 이름이 붙었다(poly = 많은, chaete = 털). 이 과에 속하는 많은 종들은 성적으로 성숙해지면서 극적인 변화 과정을 거친다. 암컷과 수컷 모두 눈이 크게 발달하는 반면, 체절과 털 부위는 대부분 넓적한 노 모양으로 변한다.

개체조사에 투자하는 대기업

이 산호게Trapezia cymodoce같이 Trapezia속에 속하는 게들은 숙주인 산호들과 공생관계다. 산호게는 산호를 포식자들로부터 지켜주고, 침전물이 쌓이지 않도록 깨끗이 유지해 주는 대신 생활공간과 산호 점액의 형태로 먹이를 제공받는다.

개체조사팀 연구자들은 전 세계적으로 산호초 내의 생물 다양성과 종 구성을 조사하고 있다. 이런 조사를 진행할 때는 연구 규모가 클수록 좋다. 호주의 대규모 에너지산업 회사이자 광업회사인 BHP 빌리턴의 후원 덕에 개체조사팀 연구자들은 더 넓은 산호초 영역을 조사할 수 있었다.

전 세계적으로 대기업, 과학단체, 환경보호단체 간의 협력이 점차 흔해지고 있는데, BHP 빌리턴과 호주해양과학연구소Australian Institute of Marine Science, 대보초재단Great Barrier Reef Foundation의 경우에도 서로 힘을 합쳐서 해양생물 개체조사 사업의 대상에 호주의 산호초를 포함시키려고 노력했다. 해양과학자들과 분류학자들은 호주의 상징적인 두 산호초 시스템인 호주 북동부 연안의 대보초와 서부 연안의 닝갈루 산호초Ningaloo reef를 연구하고 있다. 표

본 채집을 위한 현장 탐사와 후속 연구 및 분석 작업이 4년 계획으로 2006년에 시작됐다.

호주해양과학연구소 최고경영책임자이자 개체조사팀과학조정위원회 회장인 이언 포이너Ian Poiner는 이렇게 말한다. "산호초에 사는 생물 중 우리가 확인한 것은 10퍼센트도 안 될 거라고 추정합니다. 산호초 개체조사 현장조사 사업은 산호초에 살고 있는 해양생물을 표본조사하고 분석해서 보고하는 것을 주요 임무로 하는 프로젝트입니다. 이런 협력관계를 통해서 과학자들은 산호초 생물 다양성에 대한 기존의 자료와 정보에 좀 더 쉽게 접근할 수 있을 것이고, 결국 이것은 산호초에 대한 이해를 넓히고 산호초를 보호하는 최선의 방법이 무엇인지 알아내도록 도와줄 것입니다."

협력 업체들도 마찬가지로 혜택을 입는다. BHP 빌리턴이 제공하는 연구보조 프로그램은 그 직원들이 직접 현장으로 나가 표본을 채집하고 산호초를 조사할 수 있게 해준다. 해양과학자들과 긴밀한 유대관계를 맺으며 이렇게 직접 현장 경험을 쌓음으로써 회사 측에서는 이 생태계의 복잡성을 잘 이해하고, 보존을 위한 당면 과제들을 더욱 잘 이해하는 새로운 팀을 꾸릴 수 있다. 이 협력관계와 그 지원을 받는 개체조사 작업을 통해 미래의 과학적 협력의 모델을 만들 수도 있고, 앞으로 나아가는 데 필요한 기반도 마련될 것이다.

마니니(manini fish) 한 무리가 호놀룰루 하나우마 만의 산호초 위를 지나고 있다. 수질 오염(하수, 농경배수 등으로 인한), 연안 준설작업, 침전물, 무분별한 산호 채집 등으로 많은 산호초가 죽어가고 있다.

제7장

가려져 있던 생태계:
열수공, 냉용수, 해저산, 심해저평원

이제 우리는 발견되지 않은 종들이 해저산에 큰 무리를 이루어 살고 있다는 것을
알고 있지만, 직접 연구해 보지 않은 곳에서는 무엇이 살고 있는지 추측하기도 쉽
지 않은 형편입니다. 가슴 아픈 현실은 얼마나 많은 종이 발견되기도 전에 멸종의
길을 걷게 될지 알 수 없다는 사실입니다.

— 프레더릭 그래슬Frederick Grassle
해양생물 개체조사팀 과학조정위원회 회장,
열수공을 최초로 조사한 생물학자

광활한 평원과 깊게 파인 골짜기 그리고 울퉁불퉁한 바위산이 있는 대륙을 한번 상
상해 보자. 그리고 이제 그것이 수천 미터 깊이의 물에 잠겨 있다고 생각해 보자.
해저에는 대륙의 풍경과 유사한 부분이 많지만 심해에서만 볼 수 있는 지질학적 특
성도 있어서 그곳에 사는 생물들에게 독특한 과제를 안겨준다. 오랫동안 전 세계의
심해저평원(깊고 넓게 펼쳐진 상대적으로 편평한 해저), 해저산(바다 속 산), 열수공(지각 틈새로 과열
된 액체가 쏟아져 나오는 곳) 그리고 대륙 주변부에는 발견되지 않은 생물들이 많이 살고
있을 것이라고 추측해 왔다. 이들 지역 대부분은 접근하기가 너무 어렵고 비용이
많이 들기 때문에 탐사가 이루어지지 않은 상태로 남아 있었지만 이제는 혁신적인
기술 덕에 탐사가 가능해졌다.

열수공

심해 열수공과 그곳에 사는 동물 군집이 처음 발견된 곳은 1977년 태평양 동부의
갈라파고스 단층이었다. 이제는 이 특별한 해저 온천들이 지구에서 가장 거대한 연
속 화산계를 형성하고 있는 대서양 중앙해령 4만 8,000킬로미터를 따라 분포하고
있음이 잘 알려져 있다.

152쪽: 원격조정 잠수함의 조명 덕분에 심해의 독특
한 구조물들을 탐사할 수 있게 되었다.

열수공 시스템 안에서는 (지각 균열을 통해 스며 나오는 바닷물에서 생긴) 열수hydrothermal fluid가 350°C 이상의 수온으로 해저에서 다시 흘러나온다. 2006년에 개체조사팀 과학자들은 지금까지 기록된 것 중 가장 뜨거운 열수공을 발견했다. 그 온도는 407°C로 납을 녹일 만큼 뜨거웠다. 열수공을 통해 밀려나온 액체에는 금속과 유황 성분이 녹아 있는데, 과열된 액체가 주변의 차가운 바닷물과 만날 때 이 성분들이 응결되기 때문에 짙은 검은색 연기처럼 보인다. 응결되어 침전된 물질이 열수공의 굴뚝을 만들어내는데 그 높이가 20미터에 이르기도 한다. 대합조개, 관벌레 그리고 신기하게 생긴 미생물 등 별난 해양생물들이 군집을 이루어 이 열수공 주변에 모여서 해저에서 분출하는 화합물 수프를 먹이로 삼으며 살고 있다.

열수공을 탐험한 개체조사팀 연구자들은 몇몇 다른 동물 그룹에서 새로운 종들을 많이 발견했다. 그들 중 상당수가 이들 생태계에서만 존재하는 종으로, 다른 곳에서는 살 수 없는 것들이다. 서로 다른 열수공들은 동물 군집의 구성에 있어서도

태평양 마리아나 화산호Mariana Arc에 있는 북서부 에이푸쿠 화산Northwest Eifuku volcano에서 하얀 열수공 액체가 작은 유황 굴뚝을 통해 연기처럼 뿜어져 나오고 있다. 이곳은 해저에서 액체 이산화탄소 방울이 솟아오르기 때문에 샴페인 열수공Champagne Vent이라는 이름이 붙었다.

차이가 있는 것으로 나타났다. 예를 들면, 동태평양의 열수공에서는 대형 관벌레 Riftia, 대형 백합조개Calyptogena magnifica 그리고 홍합Bathymodiolus 등이 우점종이다. 하지만 대서양 열수공에서는 빽빽하게 밀집해 있는 새우와 홍합 군집이 우점종을 이루고 있다. 최근에 탐사한 인도양 열수공에서는 놀라운 사실을 발견했다. 동물 군집 대부분은 태평양 열수공의 동물들과 관련된 종들이었으나 우점종은 대서양에서 흔히 보는 새우인 Rimicaris였다.

이 Bathymodiolus 홍합과 종을 확인할 수 없는 어류 한 마리는 대서양 중앙해령 위의 열수공 근처에서 사는 것을 촬영한 것이다.

열수 작용

열수공이 북극해 해저의 가켈 해령Gakkel Ridge에서 발견되었다.

성장량을 측정하기 위해 과학자들은 멕시코 만 수심 540미터에서 발견한 이 관벌레Lamellibranchia luymesi를 파란색으로 염색했다. 흰 부분은 1년 동안 새로 자란 부분을 나타낸다. 이 연구를 통해서 관벌레의 수명이 250년이 넘는다는 사실을 밝혀냈다.

북극해의 가켈 해령은 세상에서 가장 느리게 벌어지고 있는 중앙해령이다. 2001년 연구 탐사 기간 동안 여기에서 새로운 열수공들이 발견되었다. 열수공 아홉 개가 적어도 100킬로미터마다 하나씩 가깝게 붙어 있었다.

2007년에는 국제적으로 구성된 개체조사팀 과학자들이 열수공의 동물 군집을 더 연구하기 위해 가켈 해령으로 돌아왔다. 과학자들은 새로운 장비로 무장하고 왔는데 그 중에는 '캠퍼Camper'라고 부르는 예인용 실시간 영상처리 장치 겸 해저 표본 채취 시스템과 자동 무인 잠수정 '퓨마'와 '재규어'도 있었다. 이 자동 무인 잠수정들은 북극해에서 열수공 시스템과 동물 군집을 찾아내서 표본 채집을 할 수 있도록 특수 설계한 것들이다. 퓨마Puma, Plume mapper는 온도계와 화학 센서 그리고 신형 레이저 광학 센서를 이용해서 열수공을 찾아낸다. 일단 열수공 지역의 위치를 알아내고 나면 자동 무인 잠수정 재규어Jaguar를 이용해 좁은 영역을 대상으로 고해상도 측심 조사를 시행하고 자기磁氣 자료와 생물 군집 영상을 수집한다. 캠퍼는 고해상도 촬영 기능 및 탁월한 표본 채집기능 및 센서기능이 있어서 고해상도의 해저 영상을 촬영하고 그랩형 표본채집기나 흡입식 표본채집기를 이용해 해저 표본을 채집한다.

2007년 가켈 해령 탐사에서 발견한 아스가르드 화산맥Asgard volcanic chain에는 화학합성 미생물이 담요처럼 화산을 넓게 덮고 있고, 현무암질 유리 파편들이 해저에 넓게 흩어져 있는 등 화산활동의 증거들을 볼 수 있었다. 이 연구를 통해 새로 등장한 기술의 발전을 들자면, 좀 더 상세하게 열수공 지도를 제작한 것, 고해상도 영상촬영과 얼음 아래 심해 해저 표본 채집을 위해 캠퍼의 유선 시스템을 개발한 것, 부빙 속에도 깊게 들어가 작동할 수 있는 자동 무인 잠수정 퓨마와 재규어를 개발한 것 등을 들 수 있다.

해양과학자 에드 베이커Ed Baker는 거의 20년간 열수공을 연구해 왔는데, 가켈 해령의 발견은 자신이 연구하면서 만난 것들 중 가장 놀랍고 예상치 못했던 발견이었다고 한다. 예인용 카메라가 촬영한 사진 속에서 아른거리는 물줄기와 활발한 생물 활동의 모습을 보고 난 후에 과학지들은 그 지역을 '오로라Aurora'라고 이름 붙였다. 베이커는 대서양 열수공에서 발견한 별난 해양생물들과 태평양 열수공에서 발견한 생물들 사이에는 현격한 차이가 있다고 말한다. 베이커와 그의 동료들은 가켈 해령이 아이슬란드 남쪽에 있는 다른 중앙해령 시스템과는 단절되어 있기 때문에 그곳에는 새로운 종류의 열수공 해양생물들이 발견을 기다리고 있을 것이라 생각한다.

대서양 적도 지역 수심 3킬로미터 아래에 있는 열수공에서 개체조사팀 연구자들은 지각 균열을 통해 솟아나오는 액체 주변에서 새우와 다른 생명체들을 발견했다. 이곳의 수온은 유례없이 높은 407°C였는데, 이는 납도 쉽게 녹일 수 있는 온도이다.

열수공에 사는 동물 군집의 놀라운 특징 중 하나는 이 생물체들이 태양 에너지에 의존하지 않고 독자적으로 살고 있다는 점이다. 이 극단적인 서식처에서는 광합성 식물 대신 미생물 박테리아가 전체 먹이망에 에너지를 공급하는 역할을 한다. 물속의 이산화탄소로부터 유기화합물을 생산하는 박테리아들이 빽빽하게 들어선 이 생명체들을 지탱하는 역할을 하는 것이다.

열수공 서식처의 극단적인 환경 조건 때문에 개체조사팀 연구자들은 어떤 종류의 생물은 생리적으로 특수한 적응 과정을 거쳤을지도 모른다고 가정하고 있다. 이것이 사실이라면 생화학산업과 의약산업 분야에서 대단히 흥미를 가질 내용일 수도 있다. 생명이 기원한 곳이 열수공 같은 환경일 수 있다는 가설도 있다. 개체조사팀 연구자들은 나사 NASA와의 협력 아래 이런 가설들을 이용해 우주 생명 탐사 프로그램을 개발하고 있다.

열수공에 더해서 개체조사팀 과학자들은 냉용수라는 또 하나의 독특한 서식처를 활발하게 연구하고 있다. 열수공과 냉용수의 생태계는 먹이와 에너지 생산을 광합성에 의존하지 않는다는 점에서 유사하다. 이런 생태계는 생명체들이 광합성보다는 화학 과정에 의존해 살아가기 때문에 화학합성 생태계chemosynthetic ecosystem라고 부른다.

대륙 경사면과 냉용수

대륙 주변부는 대륙붕 가장자리(해안으로부터 수심 200미터까지)에서 수심 4,000~6,000미터 가량의 심해저평원으로 이어지는 경사면을 말한다. 개체조사팀은 아직까지 상업적 탐사가 진행되지 않은 전 세계 대륙 주변부의 생물 다양성 기준선 설정 작업을 하고 있고, 또 상업활동이 있는 지역에서는 변화가 있는지 그 증거를 모으는 중이다. 대륙 주변부 영역에서 국제적으로 가장 관심이 집중되는 부분은 석유 탐사이다. 석유자원이 점차 부족해짐에 따라 상대적으로 탐사가 덜 된 이곳 생태계를 이해하는 일이 중요해졌다.

개체조사팀 과학자들은 지난 수십 년간 심해 대륙 주변부 서식처가 지구상의 다른 어느 구역보다도 변화가 많았음을 발견했다. 한때 단조로운 풍경일 것이라고 상상했던 대륙 주변부는 이제 대단히 복잡하고 다양성을 띠는 것으로 이해되고 있다. 애초에 단조로운 경사면이라는 가정 아래 관찰하고 설명했던 종 분포의 기본 패턴은 새로운 발견에 따라 재평가해야 한다.

냉용수에서 제일 흔히 볼 수 있는 동물은 대합조개, 홍합, 관벌레 등이다. 덤불숲처럼 우거진 관벌레 군집은 게나 해면동물, 이끼벌레, 갯지렁이 등의 동물들이 집으로 삼고 살아간다.

관벌레Lamellibrachia luymesi와 그 공생 박테리아는 석유와 가스를 혐기성으로 산화해서 만들어진 황화물을 먹고 산다. 멕시코 만에는 석유와 가스가 새어 나오는 곳이 많다 보니 관벌레가 빽빽하게 덤불숲처럼 몰려 있는 곳이 수십 군데 있다. 사진에서 깃털처럼 생긴 관벌레의 붉은 아가미가 보인다.

냉용수 환경에서 사는 생물

뉴질랜드 냉용수 지역에서 발견한 이 소라게는 아직 이름이 없다. 집 게발에 냉용수 관련 박테리아 섬유들이 마치 모피처럼 붙어 있는 것이 보인다.

이 바다채찍산호들은 멕시코 만 브라이트 뱅크Bright Bank 안에 있는 염수 분출 냉용수 근처에서 산다.

멕시코 만의 염수 분출 냉용수가 마치 귀신이 나올 듯한 분위기를 만들어내고 있다.

일부 동물들은 냉용수 박테리아와 매우 특화된 관계를 발전시켰다. 그중 하나인 대합조개는 박테리아로부터 먹이를 얻는다. 어떻게 이것이 가능할까? 대합조개와 박테리아는 함께 살면서 공생이라는 교환 과정을 통해 서로를 돕는다. 냉용수 생물 군집 지역에서 박테리아들은 대합조개의 아가미에 들어와 산다. 대합조개는 근육질의 발이 있어서 바다 밑바닥에 붙어 있을 수 있고, 이 발로 냉용수 지역의 바닷물에서 황화수소를 흡수한다. 황화수소는 냉용수 지역에서 볼 수 있는 메탄 이용 미생물이 만들어내는데, 혈액을 통해 박테리아가 살고 있는 대합조개의 아가미로 운반된다. 박테리아는 황화수소에 있는 화학 에너지로 이산화탄소와 물을 결합해서 당분과 기타 성장에 필요한 성분들을 만들어낸다. 이렇게 방출된 당분과 박테리아는 대합조개의 먹이가 된다.

냉용수 지역에 사는 생물들은 열수공에 사는 생물보다 훨씬 오래 사는데, 이것은 아마도 수온이 차고 환경이 안정되어 있기 때문일 것이다. 최근의 연구로 밝혀진 바에 따르면 냉용수 지역의 관벌레는 수명이 170년에서 250년 사이로, 군체를 형성하지 않는 무척추동물 중에서는 지금까지 알려진 것 중 가장 오래 사는 것으로 밝혀졌다.

냉용수 지역은 시간이 흐름에 따라 독특한 지형을 만들어낸다. 자갈 크기에서 바위 크기까지 다양한 크기의 탄산염암이 흩어져 있기도 한다. 이 탄산염암은 냉용수 속에서 미생물의 대사산물이 침전하면서 형성된 것으로 추측된다.

최근에는 잠수정을 통해 놀라운 생물 다양성을 보여주는 대륙 주변부의 여러 장소에 접근할 수 있게 되었다. 이 장소들은 물에 잠기지만 않았어도 세상에서 제일 멋진 산악 풍경을 보여주었을 것이다. 해저 침전물에서 메탄이나 석유 같은 탄화수소가 스며 나오는 냉용수 지역도 놀라운 생물 다양성을 보여주는 장소 중 하나다. 이곳에는 지구의 다른 어느 곳에서도 볼 수 없는 많은 생물 종들이 살고 있다. 냉용수는 수심 400미터에서 8,000 미터까지 다양한 수심의 활동성 대륙 변연부 및 비활동성 대륙 변연부에서 발견됐다. 이런 장소들을 열거해 보자면, 캘리포니아 몬터레이 만 바로 근처에 있는 몬터레이 해저협곡, 한반도와 일본 열도 사이의 동해, 코스타리카 태평양 연안 근처, 아프리카 대서양 연안 근처, 알래스카 해안 근처, 남극대륙 빙붕 아래 등을 들 수 있다. 지금까지 알려진 냉용수 지역 생물 군집 중 가장 깊은 곳에서 발견된 것은 수심 7,326미터의 일본 해구에 있는 것이었다.

얼음 벌레Hesiocaeca methanicola는 북부 멕시코 만의 메탄 하이드레이트 안에서 산다.

박테리아는 냉용수에 들어 있는 황화수소나 메탄에서 화학 에너지를 추출해서 그것으로 당분이나 단백질, 기타 몸을 구성하는 물질들을 만들어낸다. 다양한 해양 생물들이 이 박테리아를 먹고 산다. 개체조사팀 과학자들은 이 화학합성 기반의 생태계에서 살아가는 많은 신종을 발견했다. 멕시코 만 수심 500미터의 냉용수에서 최근에 발견한 Hesiocaeca methanicola라는 동물에게 개체조사팀 연구자들은 '얼음 벌레ice worm'라는 이름을 붙여주었다. 이 벌레는 가스가 들어 있는 천연 얼음 결정인 가스 하이드레이트 침전물이 깔린 해저에 긴 땅굴을 파고 그 안에 산다. 과학자들은 이 벌레의 위에 들어 있는 내용물을 조사했는데, 거기서 침전물과 커다란 박테리아 세포들을 발견했다. 이것들은 가스 하이드레이트 표면을 훑어먹다가 삼키게 된 것일 것이다. 하지만 아직도 이 동물의 영양과 생활사에 대해서는 알아야 할 것이 많다.

개체조사팀 과학자들은 새로운 열수공과 냉용수 지역을 발견하고 탐사해서 그곳의 생물들을 연구하기 위해 장기적이고 국제적인 현장탐사 프로그램을 개발했다. 핵심 대상 지역은 화학합성 생태계에서 나온 심해생물 종의 분포, 격리, 진화, 분산 등에 대한 몇몇 특수한 과학적 궁금증을 바탕으로 선정했다. 여러 시스템이 함께 존재하는 두 개의 넓은 지역을 선정해서 주된 탐사 대상으로 삼았다. 그 하나는 코스타리카 냉용수 지역에서 아프리카 대륙 주변부까지 이어지는 적도대로, 케이만 해구, 멕시코 만 냉용수 지역, 바르바도스 프리즘, 로망슈 단열대 남쪽과 북쪽의 대서양 중앙 해령 그리고 북부 브라질 대륙 주변부가 들어간다. 다른 하나는 남동태평양으로, 칠레 해령이 들어가는데, 칠레 해령은 칠레 대륙 주변부 남쪽에 있는 냉용수 지역으로 산소최소층이며, 고래의 중요한 이동 장소이다. 그 외에도 개체조사팀의 탐사지 목록에는 이미 국가적으로나 국제적으로 지원을 받고 있는 곳이 몇 군데 있다. 이 영역들은 세 그룹으로 묶을 수 있는데, 북극 가켈 해령, 대서양의 이스트스코샤 해령, 인도양의 중앙인도양 해령 및 남서인도양 해령으로 구성된다.

해저산

해저산은 보통 해저로부터 1,000미터 이상 솟아 있고 물에 완전히 잠겨 있는 산이나 언덕으로 정의한다. 해저산은 전 세계 바다에서 찾아볼 수 있으며, 공해에 있는 것들이 많고, 이 공해들은 여러 나라 간에 복잡한 협정을 체결해서 관리한다. 해저산 중 거의 절반은 태평양에 있고, 나머지는 대부분 대서양과 인도양에 있다. 전체적으로 보면 남반구에 많다. 해저산은 고립되어 있는 경우가 많아서 그 안의 생태계도 독특하면서 다양성을 띠는 경우가 많다. 해저산들은 보통 고깔 모양이고, 과거의 화산 활동으로 만들어진 것이 많기 때문에 발산형 중앙해령 근처에, 바닷물이 솟구쳐 오르면서 생긴 맨틀용승 위로 호상열도처럼 모인 형태로 자리 잡은 경우가 많다. 대양의 섬들은 해저산이 수면 위로 솟아오른 것들이다.

개체조사팀 과학자들은 해저산 중 표본조사가 이루어진 것은 400개도 안 되고, 그중에서 표본조사가 자세하게 이루어진 곳은 100개가 채 되지 않을 것이라고 추정한다. 개체조사의 핵심 목표는 더 많은 해저산을 탐사하고, 표본조사를 충분히 해서 거기서 발견된 생물들에 대해 의미 있는 결론을 이끌어내는 것이다.

해저산은 생명활동이 왕성한 지역인 경우가 많고, 거기서 발견된 종들은 그 주변 해저에서 발견되는 종과는 다르다. 일부 해저산은 높은 수준의 생물 다양성이 보이며 독특한 생물 군집을 이루고 있는 것으로 밝혀졌다. 어떤 경우는 특산종(그 지역에서만 발견되는 종)이 대단히 많이 발견되기도 했다. 해저산은 종 분화의 중심지(새로운 종이 출현하는 장소) 역할을 하기도 하고, 종이 대양에 널리 퍼져나가는 데 필요한 발판 역할을 하기도 하며, 분포 지역이 줄어들고 있는 종에게는 피난처가 되어주기도 한다. 개체조사팀 과학자들은 해저산을 집으로 삼고 살아가는 생물 종이 놀라울 정도

서로 친척뻘인 새우붙이과Galatheidea family와 새우아재비과Chirostylidae family의 갑각류인 다양한 스콰트 바다가재squat lobster들을 보면 해저산 생물의 다양성이 어느 정도인지 알 수 있다.

로 다양하며, 그 생물 종 중 40퍼센트는 각각의 해저산 특산종이라는 것을 밝혀냈다. 최근에는 수천 종의 신종이 발견되었으며, 해저산 다섯 개에서 발견한 신종이 600종이나 되었다.

지금까지 해저산의 딱딱한 표면에서 가장 많이 볼 수 있는 생물은 산호, 해면, 부채산호 등 물에 실려 오는 산소와 먹이에 의존해서 살아가는 부유물 섭식동물들이다. 해저산에도 부드러운 침전물이 쌓이는 곳이 있다. 이런 곳에서 가장 많이 보이는 생물은 다모류로, 갯지렁이 같은 것들이다. 침전물 속에 사는 다른 동물로는 빈모류(지렁이 같은 것), 복족류 연체동물(달팽이처럼 껍데기가 있는 동물들) 등이 있다.

멋진 노란색의 Enallopsammia 석산호가 거미불가사리가 잔뜩 달라붙은 분홍색 Candidella와 함께 매닝 해저산에서 살고 있다.

해저산에 사는 생물 종들은 지나가는 해류에 실려 오는 먹잇감에 의지해 살아간다. 영양분이 풍부한 바닷물이 산의 경사면에 의해 위쪽으로 방향을 틀고, 해저산 정상을 넘어가면서 속도가 증가한다. 정상 근처에서는 그곳에 무성하게 자라 있는 부유물 섭식동물들이 지나가는 물속에서 유기물을 걸러 먹는다. 물고기들은 근처로 흘러들어온 새우나 오징어, 작은 물고기 등을 잡아먹는 반면, 바다거미나 바다가재는 산호나 튀어나온 바위 틈새에 몸을 숨기고 살며, 바닥에 사는 동물들은 위에서 떨어지는 영양분을 먹고 산다. 고래나 참치는 이동 중에 이런 해저산에 들른다. 해저산 경사면 아래로 한참 내려가다 보면 산호가 점차로 드물어진다. 육지 산에서 나무의 성장 한계선이 있는 것과 유사하지만, 여기서는 위아래가 뒤집혀 있다.

연구선 타나가로아Tanagaroa 호를 타고 한 달간 맥커리 해령Macquarie Ridge으로 탐사를 나갔던 개체조사팀 과학자들은 수백만 마리의 거미불가사리들이 시속 4킬로미터의 속도로 흘러가는 물속에서 지나가는 먹잇감을 잡는 것을 발견하고 그곳을 거미불가사리 도시라 이름 붙였다. 콩나물시루처럼 발끝을 맞대고 빽빽하게 살아가는 수천만 마리의 거미불가사리들이 성공적으로 살아갈 수 있는 것은 순전히 해저산의 모양과 그 주변을 휘돌아가는 해류 덕택이다. 이 해류 때문에 물고기들이나 불가사리를 잡아먹을지도 모르는 다른 포식자들은 그곳에 머물지 못하고 쓸려가버리는 반면, 거미불가사리는 그저 팔만 뻗고 있어도 지나가는 먹이를 잡을 수 있다.

해저산은 많은 어류를 포함해서 대형 동물들의 서식처이자 산란터 역할도 한다. 블랙오레오black oreo나 블랙카디날피시black cardinalfish 등의 물고기는 해저산 경사면이나 해저보다는 해저산 위쪽에서 더 자주 보인다. 거의 80종에 가까운 어류와 조개들

아직 이름이 없는 이 아름다운 백색 해면과 보라색 바다나리는 리트리버 해저산Retriever Seamount에서 발견되었다.

이 산호 종은 리트리버 해저산에서 발견한 색이 화려한 해양생물의 한 예다.

나선형 산호인 Iridigorgia가 자기와 공생하는 밝은 색의 새우와 함께 자기의 생활 터전을 공유하고 있다. 이 산호는 뉴잉글랜드 해저산맥에서 발견되었다.

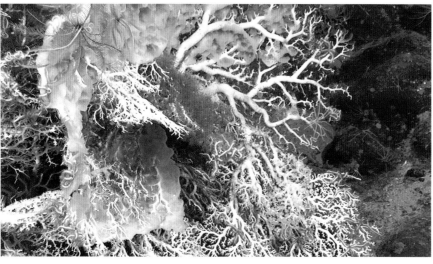

태평양 해저산에 색상이 화려한 종들이 얼마나 다양하고 풍부하게 살고 있는지 보여주는 예다. Corallium 산호가 진보라색의 Trachythela octocoral과 거미불가사리, 바다나리, 해면 등과 마치 꽃다발처럼 엉켜 있다.

이 해저산에서 상업적으로 채취된다. 그중에는 바다가재, 고등어, 왕게red king crab, 붉돔red snapper, 몇몇 참치 종, 오렌지 러피orange roughy와 퍼치perch 등이 있다.

해저산의 생물 군집은 과도한 남획과 바닥 끌그물 조업으로 인한 물리적 파괴로 위험에 처해 있다. 뉴질랜드 국립수질대기연구소에서 일하는 개체조사팀 과학자 말콤 클라크Malcolm Clark는 이렇게 말한다. "해저산은 생산성이 높아서 해저동물군과 어류들이 풍부한 경우도 많습니다. 예를 들면, 금눈돔alfonsino, 보어피시boarfish, 카디날피시cardinalfish, 오렌지 러피 같은 어종은 해저산 위쪽이나 그 근처의 심해에 어장이 형성되는 경우가 많아서 여기서 바닥 끌그물 어업을 하면 이 지역은 심각한 영향을 받게 되죠. 해저산에 실제로 어떤 것이 살고 있는지에 대해서는 알려진 것이 거의 없습니다. 전 세계적으로 보면 10만 종에 가까울 것으로 보이지만 그중 우리가 표본조사로 알아낸 것은 300에서 400종에 불과하죠. 해저산에 어떤 동물들이 사는지, 그 동물들이 어떤 구조를 이루며 군집을 이루는지, 그런 군집의 기능은 무엇이고, 어업에 의해서 어떤 영향을 받는지 좀 더 연구할 필요가 있습니다. 그래야만 생물 다양성을 훼손하지 않으면서 지속 가능한 방식으로 해저산의 자원을 관리할 수 있습니다."

수십 년간 연안의 많은 해저산에서 어업이 이루어져 왔지만, 어류 개체 수가 불안정해지면 어업 선단이 새로운 어장을 찾아서 좀 더 깊은 바다로 나가지 않을까 연구자들은 우려하고 있다. 어선들이 인간의 손이 닿지 않은 원양 해저산을 어업 대상으로 잡는 경우가 점차로 늘어나고 있다. 보통은 끌그물 어선들이 정교한 음파탐지기를 이용해서 그런 해저산을 찾아내는 경우가 많은데, 바닥 끌그물을 사용하면 해저산은 1~2년 만에 심각한 손상을 입을 수 있다. 태즈먼 해Tasman Sea를 연구한 결과에 따르면 산호나 부유물을 먹고 사는 극피동물인 바다나리 등이 원시 해저산의 90퍼센트를 덮고 있다. 하지만 일단 바닥 끌그물로 어업을 시작하고 나면 그 수치는 5퍼센트로 급격히 떨어지고 만다. 바닥 끌그물로 훼손되고 나면 생태계 복원은 끔찍할 정도로 느리다. 브리티시컬럼비아의 빅토리아대학교 수산업해양학자인 존 다우어John Dower에 따르면 북태평양의 일부 해저산들은 처음 바닥 끌그물 어업을 시작하고 50년이 지난 지금까지도 복원되지 못하고 있다고 한다.

캘리포니아대학교 샌디에이고 캠퍼스에서 온 개체조사팀 과학자 카렌 스탁스Karen Stocks는 이렇게 얘기한다. "이 해저산들이 겪는 위협은 단순한 서식지 파괴의 문제가 아닙니다. 해저산은 새롭고 독특한 생물 군집들을 키워냅니다. 이들을 연구하면 다양한 바다생물들을 창조하고 유지하는 과정에 대해 깊이 이해할 수 있습니다. 해저산은 생물 종이 전 세계 바다로 퍼져나가는 데 발판 역할을 하는 것으로 추

왼쪽: 뉴잉글랜드 근처의 발라너스 해저산Balanus Seamount에서 발견한 다양한 생물들. 의충동물spoon worm, 우아한 모습의 바다조름sea pen, 자루 달린 바다나리stalked crinoid, 거미불가사리가 달라붙은 xen-ophyophore(커다란 단세포 생물)가 두 마리 보인다.

아래: 커다란 primnoid 산호에 거미불가사리들이 붙어 있다. 알래스카 만 디킨스 해저산에서 촬영

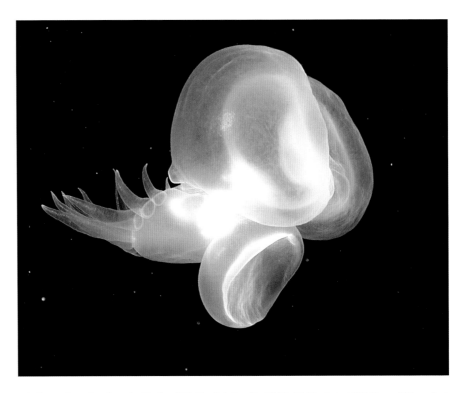

이 동물은 연체동물문에 속하는 것으로 캘리포니아 근처 1,498미터 수심의 데이비슨 해저산 측면에서 발견한 것이다.

정되고 있으며, 새로운 종이 진화해 나오는 종 분화 중심지로 역할하고 있는 것이 분명합니다. 그리고 해저산에서는 대단히 오래된 생물, 즉 나이가 수백 년이나 되는 산호와 바다나리 같은 생물들과 살아 있는 화석들이 발견되기도 했습니다."

태즈먼 해 연구 결과를 보면, 비어업 구역의 해저산 생물량이 어업 구역의 해저산보다 두 배 많고, 맨바위가 어업 구역에서는 95퍼센트인 반면, 비어업 구역에서는 10퍼센트에 불과했다. 맨바위가 많다는 것은 심각하게 생태계가 훼손되었음을 의미한다. 어업은 해수면과 가까운 수심 650미터에서 1,000미터 정도 높이의 해저산에서 집중적으로 이루어졌다. 과학자들과 보호주의자들 사이에서는 지구에서 가장 독특하고 비옥한 곳일지 모르는 이 서식처들이 탐사와 연구가 진행되기도 전에 복구가 불가능할 정도로 훼손되는 것이 아닐까 하는 걱정이 점차 커지고 있다.

심해저평원

심해저평원은 심해 해저분지의 편평한 바닥이나 아주 완만한 경사면을 말한다. 이 지역은 지구에서 가장 편평하고 매끄러운 지역이자 탐사가 가장 이루어지지 않은 곳이다. 심해저평원은 해저 대부분을 덮고 있다. 심해저평원은 보통 대륙대 continental rise와 중앙해령 기슭 사이에 놓여 있으며 원래는 편평하지 않은 해양지각판 표면(주로 현무암)이었다가 여기에 주로 진흙이나 침니 등의 미세한 침전물이 축적되어 편평해지면서 생긴다. 이 침전물 중 상당부분은 대륙 주변부를 따라 내려와 해저협곡submarine canyon(해저에 있는 가파른 경사의 계곡, 대륙 경사면을 따라 나 있다)을 흐르다가 더 깊은 심해로 빠져나온 해류에 실려 온 것들이고, 나머지는 주로 육지에서 바다로 날려 온 먼지(진흙 입자)나 위쪽에서 아래로 내려온 소형 해양식물 또는 동물(플랑크톤)의 잔해 등이다. 먼 원양에서는 침전물 퇴적 속도가 상대적으로 느려서 1,000년당 2~3센티미터 정도로 추산된다. 이 광활한 평원 중 일부 지역에는 철, 니켈, 코발트, 구리 등의 금속이 높은 밀도로 함유되어 있는 망간 단괴가 흔하다. 이 망간 단괴는 미래에 중요한 광업자원으로 사용될지도 모른다. 다른 주요 대양들과 비교하면 태평양에서는 침전물로 덮인 심해저평원이 드문 편인데 이는 해류에 실려 오던 침전물이 태평양을 둘러싸고 있는 해구에 붙잡혀 버리기 때문이다.

드넓게 펼쳐진 이 해저는 접근이 쉽지 않기 때문에 거기에 얼마나 많은 생물 종이 어떻게 살고, 어떻게 분포하고 있는지는 오랫동안 해답을 알지 못한 채로 남아 있었다. 해양생물 개체조사는 그 해답을 얻기 위해 대규모로 착수한 최초의 연구이다. 개체조사팀 과학자들은 수백 종의 신종 표본을 채집했으며, 거의 200종은 이미 기재 작업이 끝나서 이름을 붙여주었다. 심해 어느 지점에서 표본 채취를 해봐도 그 채집 동물 중 적어도 절반은 처음 보는 것이기 때문에 그 생물들의 종을 식별하고 특성을 기재하는 작업은 무척이나 중요하다. 현재 심해에 사는 생물 종 숫자의 추정치는 50만 종에서 1,000만 종까지 차이가 크게 난다. 이렇게 추정치가 크게 차이가 난다는 말은 우리가 아는 것이 그만큼 없다는 의미다. 과학자들은 개체조사를 시작하기 전에는 겨우 축구장 크기만큼의 해저에서 표본조사한 것을 가지고 지구

개체조사팀의 표본조사 장소는 전 세계 심해저평원에 골고루 퍼져 있다.

표면 절반 크기의 해저에 대해 추정해야 했다.

이 외딴 영역을 조사하려면 많은 어려움이 따른다. 심해저평원에서 표본을 조사하려면 수심만 문제가 되는 것이 아니다. 이곳은 육지에서도 멀리 떨어져 있기 때문에 그만큼 접근이 어렵고 비용이 많이 든다. 심해 조사 영역까지 가는 것만 해도 며칠이 걸리는 경우가 많다. 공해상에서 악화된 기상을 견뎌야 하고 승무원들과 과학자들을 충분히 실을 수 있어야 하기 때문에 배가 커야 하고, 그만큼 출항 비용도 커진다. 예를 들면, 독일 쇄빙선 폴라슈테른 호를 유지하려면 하루에 6만 유로(미화 9만 4,000달러)가 들어간다. 연구선 위에서는 시간이 가장 귀한 자원이다. 표본 채집이 늘 성공하는 것도 아니다. 심해에서 표본 채집을 할 때는 그 성공 여부를 판단하는 데만 여덟 시간에서 열 시간 정도가 걸린다.

개체조사팀은 다양하고 넓은 심해저평원 지역을 탐사했다. 남극해에서는 현재의 생물 다양성과 분포 패턴을 만들어낸 진화 과정과 해양학적 변화 연구에 초점이 맞춰졌으며, 또한 남극지역이 다른 바다에 퍼져 있는 심해 해저생물 종이 처음 생겨나는 근원지일 가능성이 있기 때문에 그 부분도 중요한 연구 과제로 다루었다.

콩고 해저협곡/수로 시스템은 아프리카의 콩고와 앙골라 해안지역에서 서쪽으로 760킬로미터 뻗어나가면서 수심 4,900미터의 심해저평원으로 경사져 내려간다. 해저협곡을 연구한 결과 대조적인 환경 조건(이러한 환경 조건의 차이는 세계에서 가장 크고 활동적인 콩고 해저협곡의 활성 때문에 생겨나는 것이다)이 해저생물군의 생물 다양성에 얼마나 큰 영향을 미치는지 확인할 수 있었다. 환경 관련 변수와 해저 생물군에 대한 정보를 수집하기 위해 몇 가지 형태의 장비를 사용했는데, 그중에는 프랑스의 원격조정 잠수정인 빅터Victor도 있었다. 빅터 덕분에 해저 작업을 매우 정밀하게 진행할 수 있었다. 개체조사팀은 수심 4,000미터에서 두 장소의 해저생물군을 연구했는데, 한 곳은 콩고 해저수로 옆에 있는 것으로 콩고 해저수로의 영향을 받는 곳이었고, 다른 한 곳은 거기서 150킬로미터 남동쪽에 떨어진 곳으로 해저수로의 영향을 받지 않는 곳이었다. 이 두 장소를 연구한 결과 그곳에 살고 있는 해양동물들의 군집 구조가 얼마나 크게 차이가 나는지 알 수 있었다.

개체조사팀은 또 하나의 매우 야심찬 연구를 시도해서 남반구 대서양의 양쪽 심해저평원을 탐사했다. 이 탐사를 진행하는 동안 지금까지 알려지지 않았던 세상을 엿볼 수 있었다. 이곳에서 발견된 신기하고 새로운 많은 갑각류와 갯지렁이들은 이제 기재와 공식명칭을 받게 될 날을 기다리고 있다. 유전자 분석으로 새로운 종들과 기존에 알려진 종 사이의 관계를 이해하는 데 큰 도움을 얻고 있다.

개체조사팀 과학자들은 Gigantocypris속에 포함되는 매우 희귀한 대형 씨새우

아프리카 근처의 콩고 해저수로에서 촬영한 Bathypt-erois속의 독특한 생물 종

seed shrimp 두 마리를 발견하고 무척 기뻐했다. 씨새우(Ostracoda강)는 작은 연못 진흙 바닥에서 대륙붕에 이르기까지 어떤 수중 환경에서도 살아갈 수 있는 아주 작고 흔한 생물체다. 씨새우는 가재 껍질처럼 키틴질로 만들어진 작고 편평한 껍데기 속에서 산다. 이 껍데기는 대합조개 껍데기처럼 양쪽 껍데기가 붙어 있는 구조로 되어 있다. 씨새우는 청소 동물로 맹활약한다. 채집된 양으로 따지면 바다에서 가장 흔한 청소 동물이다.

바다 여기저기서 흔히 볼 수 있는 씨새우는 커봐야 2~3밀리미터 이상 자라지 않는데, 최근에 발견한 두 마리는 거의 3센티미터에 육박한다. 이 씨새우는 색깔이 황적색이라 방울토마토처럼 보인다. 새로 발견한 다른 신종들도 같은 속에 속하는 개체들의 일반적인 크기보다는 훨씬 컸다. 어째서 심해에서 종 다양성이 풍부해지고 거대화가 흔한 현상이 되었는지는 추측만 할 수 있을 뿐이다.

심해저평원은 그저 해양생물만 풍부한 것이 아니라 금속자원의 보고가 될 가능성도 크다. 중앙태평양에는 망간 단괴가 풍부한 넓은 지역이 있다. 망간 단괴를 준설해서 채취한 이후에 해저생물 군집이 어떻게 회복하는지를 평가하기 위해서 약

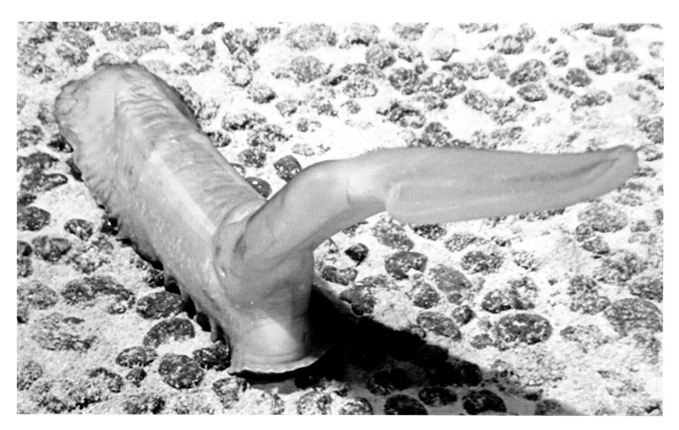

위: Psychropotes 한 종이 망간 단괴 지대 위로 움직이고 있다.

173쪽: Nardoa rosea 불가사리를 아래에서 본 모습. 호주 대보초, 헤론 섬

25년 전에 준설했던 장소를 표본조사해서 손대지 않은 지역과 비교해 보았다. 이 연구 결과 심해저 망간 단괴 지역 동물 군집의 구조가 다른 지역과는 다르다는 것이 밝혀졌다. 이것은 먹이의 질적, 양적 차이에 의한 것만이 아니라 서식처의 물리적, 화학적 특성에 기인한 부분도 있다. 망간 단괴 지역은 동물 군집에게 질적으로 다른 서식처를 제공하며, 망간 단괴의 존재 여부에 따라서 동물 군집을 구성하는 동물들도 그 개체 수에서 차이가 난다는 것이 최초로 밝혀졌다. 이 서식처를 교란하고 망간 단괴를 채취하면 그곳의 해양생물에게 영구적인 영향을 미칠 수도 있다.

해저산, 심해저평원, 열수공, 냉용수, 대륙 주변부 등 전 세계 바다의 외딴 심해에서 진행하고 있는 개체조사 연구를 통해 믿기 힘들 정도로 다양하고 풍부한 해양 생물들을 만나고 있다. 매번 탐사를 나갈 때마다 신종을 한 아름씩 발견하고 돌아온다. 어디에 무엇이 살고 있는지를 더욱 잘 이해할수록 전 세계적으로 해양자원을 관리하는 일이 더 수월해질 것이다. 아무쪼록 그러한 이해가 중요한 해양 서식처에 살아가는 생명체들을 죽이는 일을 막는 데도 한몫 할 수 있기를 바란다.

제8장

새로운 생명체의 신비를 파헤치다

새로운 종이 실제로 새로운 것은 아니다. 그저 우리 눈에 새로워 보이는 것뿐이다. 이 생명체들은 수백만 년 동안 그곳에 있었지만 우리는 그저 이제야 운이 닿아서 그들을 찾아낸 것이고, 이제야 그들을 검사할 수 있는 기술을 갖추었을 뿐이다.

― 스티븐 해덕Steven Haddock
몬터레이 만 수족관 연구소, 해양동물성
플랑크톤 개체조사 조정위원회 회원

이름 붙이기 게임

앙겔리카 브란트Angelika Brandt는 남극해에서 자기가 하고 있는 일이 마치 새로운 행성을 찾아가 거기 사는 생물들을 채집하고, 그 생물 모두가 자기들 세상에 어떻게 적응했는지 알아내려고 애쓰는 일과 비슷하다고 한다. 남극해의 패턴과 그곳에서 일어나는 과성의 수수께끼를 풀어내려 노력하는 과정에서 브란트와 그녀의 동료들은 2002년에서 2005년까지 세 번의 탐사기간 동안 700종이 넘는 신종을 발견했다. 이 발견으로 말미암아 다음 차례를 넘겨받은 연구자들은 더 심도 있는 연구를 통해서 누가 누구를 잡아먹고, 각기 동물들이 생존을 위해 필요한 것은 무엇인지, 그 동물이 어디서 어떻게 사는지, 주변 동물들과는 어떻게 상호작용하는지 등의 질문에 대한 해답을 찾아낼 기회를 얻었다.

"그렇게 엄청나게 다양한 생물을 만날 거라고는 기대하지 못했기 때문에 그렇게 많은 신종을 발견한 것은 정말 놀라움 그 자체였죠. 기존의 논문들을 보면 위도가 낮아질수록 종의 숫자도 감소한다고 했기 때문에 뭔가 흥미롭고 새로운 것들을 발견할 거라는 기대는 있었지만, 우리가 발견한 것 중 95퍼센트가 과학계에 처음 소개된 것들이라는 사실에는 정말 입을 딱 벌리고 말았습니다." 함부르크 대학교

174쪽: 2006~2007년 웨델 해 탐사 기간 도중 엘레판트 섬에서 채집한, 단각류에 속하는 이 갑각류는 신종일 가능성이 있다. 과학자들은 이 생물이 새로운 종일 뿐만 아니라 새로운 속일 것이라고 추측하고 있다.

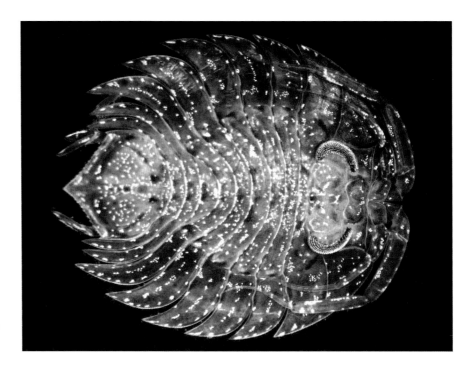

웨델 해 사면에서 찾아낸 이 serolid 등각류는 몸체가 납작해서 침전물 속으로 재빨리 파고들 수 있다. 수조에 넣고 관찰한 결과, 이 등각류는 침전물 속에 들어가서도 등 일부분을 침전물 밖으로 내놓고 호흡했다.

동물학박물관연구소 소속이자 심해저평원을 연구하는 개체조사 심해 조사 사업 연구자인 브란트의 말이다.

남극해에서 놀라울 정도로 많은 신종을 발견했지만 이것은 사실 시작에 불과하다. 개체조사팀 연구자들은 발견한 신종을 미처 다 기재할 틈도 없이 다른 신종을 계속 발견하고 있다. 2003년에 현장 작업을 시작한 이후로 해양생물 개체조사팀 과학자들은 과학계에 처음 소개되는 것으로 추정되는 생물 종을 5,300종 넘게 발견했고, 그 크기도 1밀리미터 크기의 동물성 플랑크톤에서부터 4킬로그램짜리 대형 마다가스카르 바다가재에 이르기까지 다양하다. 하지만 2003년에서 2008년까지 엄격한 과학적 검토를 통해 신종으로 공식 명칭이 붙은 종은 110종밖에 되지 않는다. 이 작업은 종종 그렇듯이 몇 년이 걸릴지 모른다.

새로운 종의 발견으로 떠오르는 흥미로운 질문에 해답을 찾으러 나서기 전에 개체조사팀 과학자들과 전 세계에서 활동하는 동료들이 먼저 해결해야 할 숙제는 새로 발견한 종이 과연 신종이 맞는지 확인하는 과정을 거쳐야 한다는 점이다. 어떤 과학자들은 이것을 완벽한 배우자를 찾아나서는 일에 비교하기도 한다. 완벽한 배우자를 찾으려면 일단 완벽한 배우자란 무엇인가에 대해 다루는 내용을 모두 찾아서 조사해 본다. 그리고 나서는 배우자감의 친구와 가족들을 일일이 다 만나서 얘기해보고 그 사람이 정말 그런 사람이 맞는지 확인해 봐야 한다. 신종을 확인하는 경우에서는 일단 가짜 신종이 아님을 확인하고 나서 그 다음으로는 이름을 정하

심해 antarcturid 등각류 중에는, 웨델 해에서 채집한 이 등각류처럼 눈이 달린 것도 있다. 이는 이들이 바닥 까지 빛이 들어오는 얕은 대륙붕에서 살던 종에서 진화해 나왔음을 암시한다. 이 사진에 나온 것은 Cylind-rarcturus속에 속하는 어린 개체로, 성충으로서의 특징 일부가 완전히 발달하지 않은 상태라 신종인지 확신하기 어려웠다.

고, 새로 발견한 생물 종에 관심을 보이는 학술지를 찾아서 그에 대한 논문을 실어야 한다. 이 과정을 모두 마친 후에는 신종의 표본을 박물관에 전시해서 다른 사람들이 자신의 발견과 이 새로운 발견을 비교해 볼 수 있도록 해야 한다. 요즘 세상에서 중매자 노릇을 하기가 쉽지 않은 것처럼 신종을 발표하는 일도 결코 쉬운 과정이 아니다.

목록에 오른 적이 없는 종을 식별해 내려면 막대한 노력을 들여서 세밀한 부분까지 지루할 정도로 꼼꼼히 확인해야 하고 엄청난 인내심이 필요하다. 한눈에 무슨 종인지 알아볼 수 없는 표본이 채집된 순간부터 다단계 식별 과정이 시작된다. 신종일지 모른다는 기쁨도 잠시, 곧바로 길고 고된 작업이 시작된다. 가능한 경우라면 항상 사진을 찍어두고, 선그림line drawing을 그리고, 나중에 유사한 표본과 비교해

독일 연구선 폴라슈테른 호에 승선한 연구자들이 종 식별의 첫 번째 단계로 동물 군집과 식물 군락을 살펴서 분류하는 작업을 진행하고 있다. 이 사진 속 표본들은 2006~2007년 웨델 해 탐사에서 채집한 것들이다.

마다가스카르 근처에서 발견한 이 새로운 대형 닭새우Panulirus barbarae종은 이 종이 어디서 생겨 나왔는지, 어떻게 다시 채워지는지, 이 발견 이후에는 필연적으로 어획이 시작될 텐데 거기에 어떻게 반응하게 될지 등 다양한 궁금증을 자아냈다.

볼 수 있게 보관해 둔다. 때로는 유전물질을 추출해서 DNA 염기서열 분석을 시행한다. DNA 연구의 궁극적인 목표는 다른 유전자들을 연구해서 계통 발생적 관계, 즉 특정 생물 그룹의 진화 역사를 분석하거나 나중에 식별이 쉬워지도록 그 생물종 고유의 DNA 바코드를 만드는 것이다.

종 식별의 다음 단계는 동료들에게 자문을 구해서 그 의문의 생물 종과 비슷한 것을 만난 적이 있는지 확인하는 것이다. 그 다음에는 이 미확인 생물 종이 이미 발견되어 기재된 것이 아닌지 확인하기 위해 분류학 문헌을 조사해야 한다. 이 문헌 조사는 정말 피곤한 일이다. 만약 다른 비슷한 표본을 볼 기회를 얻을 수 있다면 시간과 돈, 노력을 들여서 여러 박물관을 돌아다니며 비슷한 종류의 다른 표본들과 비교해 보기도 한다(보관된 표본들 중에서는 200년이 넘는 것도 있다. 이는 린네Linnaeus가 종 분류 시스템을 처음 제정한 1758년까지 거슬러 올라가는 것이다).

일단 연구자가 표본이 실제로 신종이라고 확신하게 되면, 그 다음 과정은 그 종에 대해서 자세히 기재하고 적절한 이름을 붙여주는 것이다. 종의 학명은 언제나 라틴어로 짓고, 두 단어로 구성된다. 첫 단어는 속명이고 두 번째 단어는 그 속 안에서 그 종을 식별해 주는 이름이 들어간다. 이 두 번째 이름을 지을 때는 창조성을 발휘해야 한다. 여기 사용하는 단어는 종의 형태적 특성(다리에 털이 많다는 등)에서 시작해서 지리적 분포, 혹은 어떤 사람이나 사물을 칭송하는 단어까지 어떤 것이든 붙일 수 있다. 예를 들어, 대서양 중앙해령을 연구하는 개체조사팀 연구자들이 처음으로 이름을 붙여준 종 중 하나는 오징어 종류인 Promacoteuthis sloani였다. 이 종명은 개

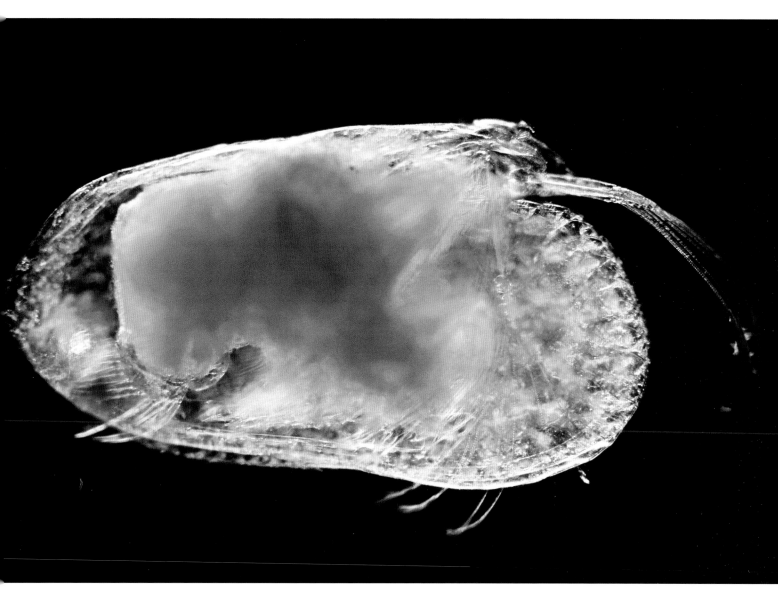

개체조사팀 연구자들은 수백 가지 동물성 플랑크톤 신종을 식별해 냈다. 현재 알려진 종의 숫자는 7,000종이지만 연구자들은 다음 10년 안에 그 숫자가 두 배로 불어날 것으로 기대하고 있다. 신종일 가능성이 있는 이 씨새우 ostracod Archiconchoecetta(미식별종)는 나미비아 연안 근처의 대서양 남부에서 채집했다.

체조사 사업을 처음 시작할 수 있게 후원해 준 알프레드 P. 슬론 재단의 공로에 감사하기 위해서 지은 것이다.

종 이름을 짓는 마지막 단계는 동료들이 검토할 수 있도록 과학 잡지에 종에 대한 기재를 논문으로 싣는 것이다. 이 논문이 통과돼서 출판이 돼야만 그 종은 공식적으로 지구 생물의 새로운 식구로 인정받게 된다.

표류생물의 종 식별

일반적으로 종 식별 과정은 대단히 수고스러운 일이지만, 어떤 과학자들은 개체조사 사업 덕분에 그 일을 더 흥미롭고 효율적으로 할 수 있었다. 예를 들면, 동물성 플랑크톤을 연구하는 개체조사팀 분류학자들은 바다에서 직접 종 식별 작업을 할 수 있는 드문 기회를 얻었다. 동물성 플랑크톤은 헤엄치지 않고 바다에 떠다니는 해양동물이기 때문에 해류를 타고 이리저리 움직인다. 거의 중성 부력인 젤라틴질 동물성 플랑크톤 중에는 수 미터까지 자라는 종도 있지만 보통은 1밀리미터에서 몇 센티미터 정도의 크기이다.

이 작은 표류성 해양동물의 생김새와 씨름하면서 잔뼈가 굵은 개체조사팀 동물성 플랑크톤 분류학자들은 촘촘한 그물망에 잡혀 갑판 위로 올라온 살아 있는 표본을 직접 들여다볼 기회를 얻었다. 코네티컷 대학교 에이버리 포인트 캠퍼스의 해양과학기술센터 책임자이자 개체조사 동물성 플랑크톤 조사 사업 팀장인 앤 버클린 Ann Bucklin은 이렇게 설명한다. "분류학자한테는 새로운 종을 식별해 내는 것만큼 짜릿한 일도 없죠. 동물성 플랑크톤이 정말 신종이 맞는지 확인하는 일은 그만큼 힘들고 고된 일이니까요. 아무도 보지 못했던 신선하고 살아 있는 표본을 들여다보는 재미도 만만치 않고요."

2008년 현재 알려진 동물성 플랑크톤 종은 15개 문, 7,000종이지만 버클린은 개체조사팀 분류학자들이 그 숫자를 두 배로 불려놓을 것이라고 예상한다. "동물성 플랑크톤은 대부분 귀한 편이라 분류학자가 바다로 나가서 이제는 표본 채집이 가능해진 수심 5,000미터 바다에서 해저 위 100미터의 미탐사 구역을 표본조사하면 신종을 많이 발견할 수 있을 겁니다." 큰 동물을 조사할 때와 마찬가지로 동물성 플랑크톤도 발견한 종들을 미처 다 식별하기도 전에 훨씬 많은 것들이 발견되고 있다. 식별 과정에 속도를 더하기 위해서 동물성 플랑크톤 연구자들은 종 식별에 DNA 바코딩 기술을 도입하고 있다. 동물성 플랑크톤은 수가 많지 않고, 작고 부서지기도 쉬워서 이 기술이 특히 쓸모가 있다.

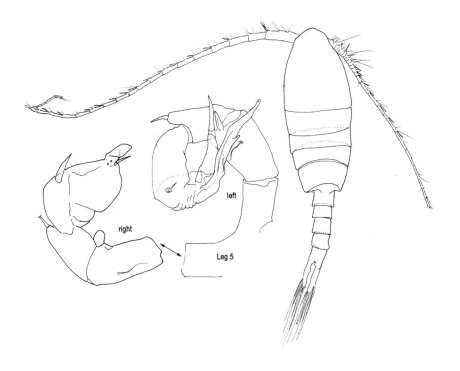

왼쪽: 동물성 플랑크톤 분류학자들은 신종 가능성이 있는 것을 기존의 식별종과 비교할 때 그림을 이용한다. Hyperbionyx 신종을 그린 이 그림은 8.92밀리미터짜리 수컷 표본의 그림이다. 이 표본은 북대서양 남동부 수심 거의 4,900미터 해저에서 채집한 것이다.

아래: 신종으로 추정되는 이 심해 빗해파리는 수심 7,217미터의 일본 근처 류큐 해구에서 발견된 것으로 가장 깊은 곳에 사는 빗해파리ctenophore로 기록됐다. 바다 밑바닥에 붙은 기다란 실 두 개에 매달려 마치 연처럼 날고 있는 이 독특한 종을 발견하고 나니, 대체 이 종은 그 깊은 바다에서 뭘 먹고 사는지 의문이 생겨났다. 이 사진은 원격조정 잠수정 카이코Kaiko를 이용해 촬영한 것이다.

최근까지도 동물성 플랑크톤 분류학자들은 거의 그림에 의지해서 신종 가능성이 있는 종과 기존의 식별된 종을 비교했다. 심지어 오늘날에도 종 구분에 필요하기는 하지만 관찰이 어려운 부분까지 자세히 묘사하려면 신종을 그림으로 세밀하게 그려보는 것이 중요하다. 예를 들어, 위에 있는 그림은 수컷의 다리 구조를 그려놓은 것인데, 이것은 이 속에 속하는 다른 수컷의 다리와는 아주 미묘한 차이가 있다. 다리나 입 쪽에 나 있는 가시나 혹을 자세히 조사해 보지 않으면 종을 구분할 방법이 없는 경우도 많다. 이런 이유로, 분류학에 DNA 분석 기술이 도입된 것은 큰 혜택이었다. 이 기술을 이용하면 혹이 더 크거나 가시가 더 긴 개체가 정말 다른 종인지를 확인하는 데 도움이 된다. 유전 정보를 이용하면 그런 판단이 더 쉬워지고, 결과도 아마 더 정확할 것으로 생각된다.

오래된 신종을 찾아서

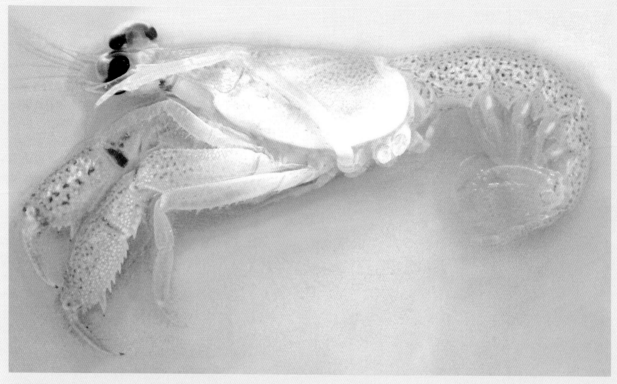

개체조사팀 연구자들은 새로운 속인 Laurentaeglyphea에 속하는 새우를 식별해 냈다. 이 새우는 쥐라기 때 살다가 거의 5,000만 년 전에 멸종된 것으로 생각했으나 아직도 살아 있는 종을 찾아낸 것이다.

코럴 해Coral Sea 심해에서 끌그물로 수집한 표본을 갑판 위로 올려서 펼쳤을 때 표본 하나가 유독 눈에 띄었다. 짚 색깔을 띤 작은 새우 하나가 해양과학자로 30년 넘게 끌그물 수집 표본을 보며 살아온 베테랑 연구자 베르트랑 리셰 드 포르쥬Bertrand Richer de Forges의 눈길을 사로잡은 것이다. 리셰 드 포르쥬는 자기 눈을 믿을 수 없었다. 이 흥미로운 작은 새우는 멸종된 것으로 알았던 갑각류가 살아서 튀쳐나온 것처럼 보였다. 갑판 위에 펼쳐진 수많은 표본 중에서 그것을 찾아낸 순간부터 사건이 꼬리를 물고 이어졌고, '쥐라기 새우'의 이야기가 펼쳐지면서 그것은 결국 생물학 역사의 한 페이지를 장식하게 되었다.

글리페이드glypheid 새우는 해양 절지동물(무척추동물)의 한 종으로, 2억 1,300만 년 전부터 1억 4,400만 년 전까지의 쥐라기에 번성했다. 1906년에 필리핀 연안에서 미국의 연구선 알바트로스Albatross가 한 마리를 잡기 전까지만 해도 이 새우는 시신세Eocene period(약 5,000만 년 전) 기간 동안 멸종된 것으로 믿고 있었다. 이 새우는 표본으로 만들어져 60년간 박물관에 박혀 있었다. 그러다가 1975년에 프랑스 과학자들이 이 표본을 재발견해서 그것을 글리페이드로 식별하고 Neoglyphea inopinata라고 학명을 붙였다. 그 후로 세 번 필리핀 지역에서 심해 답사를 진행한 끝에 표본을 열세 마리 더 확보할 수 있었고, 결국 대단히 드물기는 하지만 글리페이드 새우는 멸종하지 않은 것으

베르트랑 리셰 드 포르쥬Bertrand Richer de Forges

로 확인되었다.

2005년에 코럴 해에서 잡은 그 이상한 새우 이야기로 다시 돌아가보자. 연구선 알리스Alis 호는 체스터필드 섬Chesterfield Island 남쪽에 있는 해저산맥을 따라 수심 400미터 깊이에서 끌그물을 끌고 있었다. 거기서 이 살아 있는 화석이 그물에 걸려 갑판 위로 올라온 것이다. 이 갑각류는 글리페아드로 보였고, 겉으로는 Neoglyphea inopinata와 비슷해 보였지만 색깔과 점 모양이 확연히 달랐고, 그 전 표본과 비교해 봤을 때 더 강해 보였다. 이것이 글리페이드의 또 다른 살아 있는 표본일지 모른다고 생각한

리셰 드 포르쥬는 동료들의 자문을 구했고, 이것이 신종이라는 결론을 내렸다.

리셰 드 포르쥬는 자신의 결론을 과학계에 설득하는 작업에 착수했다. 표본의 형태를 연구하고 그 당시 알려져 있던 십각류decapod(새우, 게 등 다섯 쌍의 가슴다리가 있는 갑각류_옮긴이)의 분류학을 분석해 보니 이 신종이 계통수에서 어느 위치에 들어가야 하는지가 점차 분명해졌다. 다른 단서들도 이 동물에 대해 좀 더 많은 것을 알게 해주었다. 예를 들면, 잘 발달된 눈과 집게처럼 생긴 튼튼한 발은 이 새우가 포식동물임을 말해준다. 이 새우를 잡은 지역은 단단하고 바위가 많은 바다 지형으로 진흙 바닥 땅굴 속에서 사는 것으로 알려진 Neoglyphea inopinata와는 달랐다.

Neoglyphea neocaledonica로 학명이 지어진 이 신종에 대한 기재가 2006년에 출간되었다. 1975년에 Neoglyphea inopinata를 처음 기재했던 두 과학자 중 한 사람인 자크 포레스트Jacques Forest 교수는 이 동물이 그 이름이 말해주듯 북쪽에서 발견했던 그 친척 새우와 정말 같은 속에 속하는지 의문을 품게 되었다. 결국 그는 이 종을 새로운 glyphea속에 포함시키기로 하고, 그의 동료인 미셸 드 생 로랑Michele de Saint Laurent의 이름을 따서 새로운 이름을 붙이게 된 것이다. 리셰 드 포르쥬의 원고는 결국 학계 잡지에 실리게 되었고, 새로운 종인 Laurentaeglyphea neocaledonica라는 이름이 아주 오랜 조상과 함께 세상의 빛을 보게 되었다.

개체조사팀의 분류학자들은 신종들을 발견하고 있을 뿐만 아니라 이미 알려진 종에 대해서도 새로 알게 된 지식들을 많이 보고
하고 있다. 이 심해 요각류Eaugaptilis hyperboreus가 한 예인데, 이 종이 알을 품고 있는 사진을 촬영한 것은 개체조사팀 과학
자들이 처음이었다.

아무도 가보지 못한 곳

10년짜리 계획에서 7년이 지난 지금, 해양생물 개체조사 사업은 5,300종이 넘는 신종을 발견했다. 2010년이 되면 개체조사 과학자들이 발견한 신종은 대략 1만 종이 될 것으로 예상된다. 이렇게만 되면 알려지고 이름이 붙은 해양생물 종은 대략 24만 종에 이를 것이다. 이것은 한 번 언급하고 넘어갈 만하지만 아직은 좀 더 많은 발견을 해야 한다. 수석 과학자 론 오도르는 이 첫 번째 개체조사 작업이 마무리된 이후에도, 적게는 20만에서 많게는 2,000만 정도 사이 어느 숫자만큼의 해양생물 종이 여전히 발견되지 않은 채로 남아 있게 될 것이라고 추산한다.

"물론 우리가 신종을 발견하고 있는 것은 탐사된 적이 없던 장소로 우리가 찾아가기 때문이죠. 누구도 보지 못했던 물고기나 다른 해양생물들을 처음으로 만나게 되면 정말 짜릿하기도 하고 그 앞에서 겸손해지기도 합니다." 호놀룰루 비숍 박물관Bishop Museum에서 일하는 개체조사팀 과학자 리처드 파일Richard Pyle의 말이다. 그는 헬륨, 질소, 산소 등의 호흡 기체를 재생해서 사용하는 정밀 폐쇄회로식 재호흡기Closed-circuit rebreather의 사용에 앞장서 왔다. 이것을 사용하면 잠수부들은 예전에는 출입금지 구역이었던 수심까지 내려갈 수 있다. 파일과 그 과학 팀은 산호초 어류를 100종도 넘게 발견했다. 2007년 4월 태평양의 캐롤라인 섬을 가로질러서 깊은 산호초 지역으로 찾아갔던 잠수 탐사에서는 한 번에 신종을 스물여덟 종이나 발견하기도 했다.

영국 BBC의 협찬을 받아 진행한 캐롤라인 섬 탐사는 수심 깊은 산호초 지역에서 신종 어류를 발견하는 내용으로 다큐멘터리로 제작되기도 했다. 새로운 많은 발견 중에서도 가장 두드러지고 신종임이 분명했던 종은 자리돔속Chromis에 속하는 몇몇 종들이었다. 그중에서도 가장 볼 만한 것은 수심 120미터나 그 아래 사는 짙은 파란색의 물고기였다. 신종의 이름을 정하는 전통에 따라서 과학자들은 이 물고기를 Chromis abyssus라고 이름 붙였다. 이 이름은 그 종의 색깔과 깊은 서식처(같은 속의 다른 대다수 종에 비하면 비교적 깊은 곳에 산다)를 고려하고, 탐사를 후원해 준 것에 대한 감사의 표시로 그 다큐멘터리 프로젝트 이름인 '태평양의 심연Pacific Abyss'을 딴 것이다.

파일이 한 번의 탐사만으로도 감당할 수 없을 만큼 많은 신종을 발견한 것을 보면, 기존에 탐험하지 않았던 영역으로 모험을 떠나는 것이 얼마나 이점이 많은지 알 수 있다. 마치 가상의 스타트랙 승무원이라도 되는 것처럼 개체조사팀은 인간이 가본 적이 없는 곳으로 가는 것을 신조로 삼고 있다. 그리고 이것 때문에 해결해야

이 인상적인 파란색 자리돔류는 이 발견을 지원해 준 BBC의 공로를 기리고 그 화려한 색상과 깊은 물에 사는 습성을 고려해서 Chromis abyssus라고 지었다.

할 과학적 숙제가 생겨났다. 탐험해 보지 않은 곳으로 찾아가 미생물부터 고래에 이르기까지 모든 것을 다 조사하다 보니 개체조사팀과 다른 탐사자들은 도무지 감당할 수 없는 속도로 많은 신종들을 계속 찾아내고 있다. 신종을 찾아내면 그 종에 대해 기재해야 하는데 그 일을 해낼 인력이 턱없이 부족하다. 파리 국립자연사박물관의 필립 부셰Philippe Bouchet는 대륙 주변부 프로젝트에 참가하고 있는 개체조사팀 연구자다. 그가 계산한 바에 따르면, 분류학자 3,800명이 매년 적어도 1,400종의 해양생물 신종을 문헌에 올리고 있다고 한다. 이런 속도라면 현재 바다에 남아 있는 알려지지 않은 모든 해양생물을 모두 찾아서 조회하고 기재하고 이름을 붙이려면 500년도 넘게 걸린다고 한다. 개체조사팀이 모험을 통해 거둔 성과는 앞으로 수십 년 동안 계속해서 열매를 맺게 될 것이다.

얼음 아래로 난 창문

얼마나 많은 신종을 발견하게 될지는 어떤 지역을 탐사하느냐에 달려 있다. 북반구 북극해와 반대쪽 야생의 남극해 얼음 바다를 탐사하는 과정에서 이 춥고 가혹한 지역에 살고 있는 생물들에 대해서 흥미롭고 놀라운 사실을 많이 알게 되었다. 이런 연구에는 헌신과 인내가 필요하고 장비도 제대로 갖추어야 한다. 양 극지방의 바다를 탐험하려면 얼음을 뚫고 갈 쇄빙선, 잠수부들을 북극곰으로부터 보호하는 데 필요한 특등 사수들, 남극의 거친 바다를 견뎌낼 수 있는 지구력 같은 것 말고도 훨씬 많은 준비가 필요하다.

개체조사팀 연구자 보딜 블럼이 '전 세계 바다에서 연구가 가장 덜 된 곳'이라고 표현한 북극해 심해에서 용감무쌍한 탐험가 한 팀이 30일간 미국 연안경비정 힐리 호에 머물면서 이 춥고 빠르게 변화하는 심해 환경 속에서 사는 생물들을 이해하기 위해 노력했다. 그들이 이 기간 동안 발견한 미기록 종 서른다섯 종은 이제 공식 명칭을 받으려고 줄을 서 있다. 블럼의 동료 루스 홉크로프트는 이렇게 설명한다. "최신 기술은 이 놀라운 세상을 들여다볼 수 있는 창문을 처음으로 열어젖혔습니다. 중간수심층과 해저에서 얻은 사진들을 보면 부드러운 몸체의 동물성 플랑크톤, 심해 해삼, 연산호 같은 다양한 생물체를 볼 수 있습니다. 우리보다 앞서 이곳을 찾았던 탐험가들 중에서는 이런 생물들을 관찰하고 채집할 수 있는 적절한 장비를 갖춘 사람들이 거의 없었죠."

종 숫자로 따지자면 남극 지역에서 발견한 종이 북극 지역보다 훨씬 많아서, 경험이 많은 탐험가들조차도 높은 수준의 생물 다양성에 놀랐다. 남극해 더 깊은 곳의 동물 군집에 대해서 모르고 있는 빈칸을 채워 넣기 위해 2002년부터 2005년 사

왼쪽: 2005년 북극해로 나간 한 달간의 탐사에서 발견한, 신종으로 보이는 빗해파리cydippid ctenophore

오른쪽: 2005년 여름 캐나다 해저분지로 나간 개체조사 탐사 기간 동안 발견돼서 새로 기재된 세 종 중 하나인 이 다모류(Macrochaeta속)는 북극해 해저에서 발견했다.

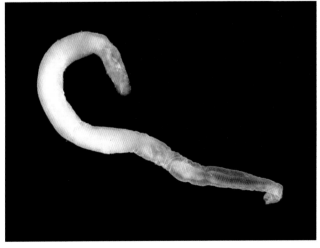

알래스카 대학교에 있는 개체조사팀 북극 탐험가들은 이탈리아 레체의 살렌토 대학교에 있는 스테파노 피라이노Stefano Piraino의 협조 아래 해빙 속에서 새로운 hydroid속을 발견했다. 이 히드로충은 시간당 20센티미터 정도를 움직이며, 가는 길에 놓인 작은 갑각류를 먹어치우는 것으로 보인다. 연구자들은 이 히드로충이 진성 포식자로서 중요한 역할을 할지도 모른다고 추측한다. 이 새로운 속과 종은 국제극관측년(2007~2009년) 기간 동안 이름을 얻게 된 생물 중 거의 제일 먼저 이름을 얻게 된 종이다. 피라이노는 그의 동료 연구자인 롤프 그라딘거와 보딜 블럼 사이에서 태어난 딸 투리 그라딘거Tuuli Gradinger의 탄생을 기념하는 의미에서 이 종의 이름을 Sympagohydra tuuli로 짓자고 제안했다.

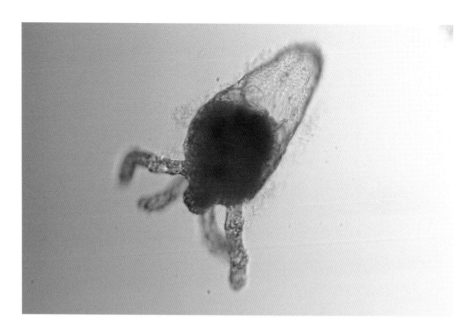

이에 웨델 해로 세 번의 탐사를 나섰다. 웨델 해는 남극 해안선이 만처럼 깊게 파여 들어간 형태로 생겼다. 이 남극해 심해에서 국제적으로 조직된 세 팀이 수심 774미터에서 6,348미터 사이에서 건져 올린 표본은 수만 개에 이른다.

일단 표본을 가지고 돌아온 후에 연구자들은 전심전력을 다해 알려진 종들 사이에서 신종을 가려내는 일에 매달렸다. 기쁘게도 과학자들은 신종 가능성이 있는 종을 700종 넘게 찾아냈는데, 그중 여섯 종은 육식성 해면이었다. 과학자들은 포획한 표본 속에서 등각류 674종을 찾아냈는데, 대부분 기존에 기재되지 않았던 것들이었다. 그리고 200종이 넘는 다모류(갯지렁이)를 찾아냈는데, 그중 여든한 종은 신종이었다. 그리고 해면류도 일흔여섯 종 찾아냈는데, 열일곱 종은 기존에 알려지지 않은 것이었다.

탐사대장 앙겔리카 브란트는 남극 심해가 전 세계 해양생물 종들의 요람일지도 모르며, 새로운 발견들로 말미암아 이 지역과 그 너머에 사는 해양생물이 진화해 온 비밀이 밝혀질지도 모른다고 말한다. 해저에서 발견한 종들과 남극대륙을 둘러싼 얕은 바다에서 발견한 종들을 비교해 봄으로써 과학자들은 이 동물들이 사는 기후와 환경이 어떻게 과거의 진화를 이끌어 왔는지 더욱 잘 이해하고 동물들이 앞으로 어떻게 여기에 적응해 갈지 미리 그림을 그려볼 수 있을 것이다.

남극에 초점을 맞춘 개체조사 사업인 남극 해양생물 개체조사CAML는 2007~2009 국제극관측년 기간 동안 좀 더 발전된 탐사를 하자는 취지로 열여덟 차례 남극해 탐사의 선봉에 나섰다. 국제극관측년이 시작된 2007년 3월에 돌아온 첫 번째 탐사는 이 복잡한 생태계에 대한 이해를 증진시킬 수 있는 다양한 기회를 엿볼 수

신종으로 추정되는, 해파리의 일종인 Narcomedusae는 2002년 캐나다 북극해 제도Canadian Arctic의 뱅크스 섬Banks Island 남쪽에서 처음 채집했다가 2005년에 다시 채집하고 사진을 촬영했다.

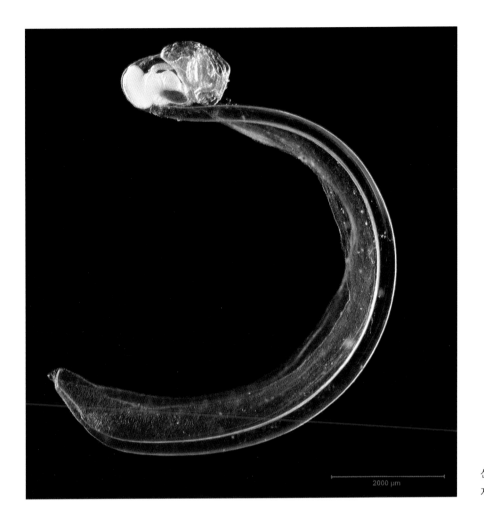

신종일 가능성이 있는 유형류 종이 북극해 캐나다 해
저분지에서 발견되었다.

마치 바다거미처럼 보이는 이 Munnopsis종은 웨델
해 서부에서 발견했다. 이것은 해양 무척추동물 중
하나인 등각류의 일종으로 바다 밑에 가라앉은 먹이
조각을 먹고 산다.

있게 해주었다.

2006년 11월에는 14개국에서 모인 쉰두 명의 과학자로 구성된 팀이 독일 연구선 폴라슈테른 호를 타고 10주간 아무도 연구해 보지 못한 지역을 탐사하기 위해 나섰다. 이 과학자들은 최근에야 탐험이 가능해진 남극 해저 1만 평방미터를 조사했다. 이런 기회를 얻게 된 것은 자메이카 크기의 바다를 뒤덮고 있던 라르센 A 빙붕과 B 빙붕이 붕괴했기 때문이다.

카메라를 장착한 원격조정 잠수정을 포함해서 정밀한 표본 채취 장비 및 관찰용 장비로 무장하고 폴라슈테른 호에 올랐던 전문가들은 라르센 A, B 빙붕의 해체로 열린 해저에 접근해서 그곳에 사는 생물들에 대해 새로운 사실을 밝혀주는 사진들을 촬영하고 돌아왔다. 탐사에서 대략 1,000종 정도의 표본을 채집했는데, 몇 종은 과학계에 처음 소개되는 것으로 밝혀지고 있다.

"생물 다양성에 대한 이런 지식은 생태계의 기능을 이해하는 데 필수적인 부분입니다. 우리 노력의 결과물들은 급변하는 환경 속에 놓여 있는 우리 생물권의 미래를 더 정확히 예측하게 해줄 것입니다." 독일 알프레드 베게너 극지 해양 연구소의 해양생태학자이자 폴라슈테른 탐사 수석 과학자인 줄리안 거트의 말이다.

탐사 기간 동안 채집한 수백 개의 동물 표본 중에는 신종으로 보이는 열다섯 개의 단각류(새우 비슷한 종)도 들어 있다. 제일 인기를 끈 것은 남극 단각류 중에서도 가장 큰 것들이었는데, 길이가 거의 10센티미터로 온대 지역에 많이 사는 비슷한 종들보다 훨씬 크다. 자포동물문(산호, 해파리, 말미잘과 친척뻘인 생물)에 속하는, 신종이 확실시되는 종 네 개도 같이 채집되었다.

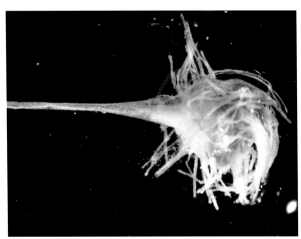

Asbestopluma. 결코 알려진 적이 없는 육식성 해면 동물 종으로 직경은 1센티미터가량이다. 다른 동물을 통째로 집어 삼켜 소화시킨다. 사진에 나온 것은 그런 종 네 개 중 하나로, 그중 세 종은 과학계에 처음 보고 되는 것으로 믿고 있다. 남극해 심해에서 발견했다.

왼쪽: 2002년 1월에 촬영한 라르센 B 빙붕

오른쪽: 2002년 3월에 빙붕이 붕괴되고 난 후의 사진

왼쪽: 신종이 확실시되는 Epimeria의 한 종으로, 25 밀리미터 길이의 단각류이다. 2006~2007년 웨델 해 탐사 기간 동안 엘레판트 섬 근처에서 채집했다.

아래: 신종으로 보이는 Eusirus속의 대형 남극 단각 류로, 2006~2007년 웨델 해 탐사에서 채집한 표본 들 중에서 단연 스타였다. 길이가 거의 10센티미터에 이르는 이 생물은 남극 반도 근처에서 미끼 덫을 이 용해 채집했다.

잘 알려진 대형 따개비종인 Bathylasma corolliforme. 2006년 폴라슈테른 호의 남극해 탐사 기간에 촬영한 것으로, 이곳에서 채집하고 사진을 촬영한 많은 미기록 종들이 식별을 기다리고 있다.

아직 기재가 되지 않은 이 남극 불가사리는 과거 라르센 B 빙붕으로 덮여 있었던 웨델 해 지역에서 채집한 것이다.

새로운 생명체를 처음으로 발견한다는 일

이 에세이를 쓴 몬터레이 만 수족관 연구소의 스티븐 해덕Steven Haddock

나는 임시로 이름을 뭐라고 붙여주기도 난감할 만큼 단서를 찾아보기 힘든 그런 동물들을 좋아한다. 그런·동물에게는 '정체불명의 야수', '기묘한 빗해파리', '파랑 관해파리' 와 같은, 형태를 묘사하는 애칭을 붙여준다. 종을 기재하는 일은 문헌을 조사하고 책상머리에 앉아서 무미건조한 과학논문을 쓰는 등 고통스러운 일이 수반된다. 하지만 좀 더 넓은 시야를 가진 과학으로 완성시키기 위해서는 필수적인 작업이다. 만약 한 생물체의 생태적 지위에 대해 논의해 보고 싶어서 그 유전자를 복제하고 더 넓은 학계 차원에서 그 얘기를 꺼내고자 한다면 그 생물에게 이름을 붙여주어야 한다('파랑 관해파리' 라는 이름으로는 한계가 있다).

그래서 결국 처음의 흥분은 약간 가라앉기도 한다. "아직도 1년은 더 일해야겠군!" 하지만 일이 진행될수록 나는 저 바다 아래에서 발견되기를 기다리고 있는 엄청나게 다양한 생물들에 놀라지 않을 수 없다.

생물 종을 발견하고 나면 아주 다른 반응들이 튀어나온다. 어떤 경우는 놀랍다는 반응이 나온다. 예를 들면, 해파리의 기본 형태를 따르면서도 모양과 크기, 구조가 다른 새로운 해파리 종류가 나왔다는 놀라움 같은 것이다. 혹은 심해에서 작업하다 보면 알려진 종과는 본바탕부터 완전히 다른 것을 발견하기도 하는데, 어떤 경우에는 반응이 자못 회의적이다. 누군가 분명 예전에 발견한 적이 있다는 것이다. 종을 처음 발견하는 느낌은 묻혀 있던 보물 상자를 발견한 느낌과 비슷하다.

들뜬 흥분이 가라앉고 나면 이 종이 우리가 이미 알고 있는 종들과 대체 어떤 관계일지 난감함이 밀려온다. 사람한테는 사물을 분류하는 일종의 타고난 본능이 있다.

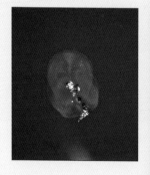
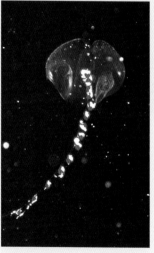

생물발광을 하는 이 관해파리는 최근에 발견된 육식성 플랑크톤으로, 두드러진 파란색이 인상적이다. 얼룩무늬의 군청색 돌인 청금석lapis lazuli의 이름을 따서 Gymnopraia lapislazula라고 이름을 붙였다. '돌', '이정표' 라는 뜻의 라틴어인 lapis를 선택한 또 다른 이유는 기재 논문의 저자 중 한 사람인 필립 R. 퓨Philip R. Pugh의 스물다섯 번째 관해파리 기재를 기념하기 위해서였다.

심해의 눈과 귀

비단 극지방만이 아니라 수심 200미터에서 5,000미터 이상에 이르는 어두운 심해 바다에서도 신종이 나올 만큼 나왔다. 햇빛이 들어갈 수 없는 깊은 물속에 사는 생물들을 더욱 잘 이해하기 위해서는 깊은 수심과 높은 수압 그리고 접근의 어려움 등을 모두 극복해야 했다. 여기서는 깊은 수심에서 사용할 수 있는 끌그물과 고화질 카메라 및 비디오 장비로 무장한 원격조정 잠수정 그리고 자동 잠수정 등의 최신 기술이 있었기에 신종 발견이 가능했다. 조종사는 안전하게 물 위에서 이런 장비들을 조종해서 표본을 채취할 수 있었다. 이런 장비들 덕에 수면 아래에서 살아가는 생물들을 들여다볼 새로운 창문이 열린 것이다.

한 예를 들자면, 대서양 가운데 있는 해저산맥 대서양 중앙해령의 개체조사 탐사에서는 러시아의 유인 잠수정인 미르 호를 비롯한 여러 가지 정밀한 장비를 이용해서 수만 개의 생물 표본을 채집했다. 과학자들은 서른 종 정도의 신종을 발견한 것으로 믿고 있으나 2008년 현재로서는 그중 다섯 종만이 신종으로서 공식 명칭을 얻었다. 이것만 봐도 식별 작업이 얼마나 엄격한 과정인지 알 수 있다.

대서양 중앙해령을 집중적으로 조사하는 개체조사 사업을 이끌고 있는 노르웨이 아렌달Arendal 해양연구소의 오드 악셀 베르그스타드Odd Aksel Bergstad는 이렇게 말한다. "우리는 보통 대형 동물 군집을 대상으로 연구합니다. 작은 동물들보다 다양성이 떨어지는 다소 큰 동물들, 아니면 산호초처럼 종이 풍부한 장소에서 발견되는 동물 같은 것들이 주된 연구 대상이었죠. 그러다 보니 여기서 신종을 만나리라고는 정말 기대하지 않았습니다. 이렇게 우리도 해양생물 종 숫자를 늘리는 데 기여할 수 있다는 것이 정말 기분 좋았죠."

열수공이나 냉용수, 대륙 주변부 등 다른 심해를 연구하러 갔던 개체조사 탐사도 마찬가지로 해양생물 종 계통수를 넓히는 데 기여했다.

아래 왼쪽: 대서양 중앙해령에서 채집한 Lycodonus 속의 등가시치 신종

아래: 지중해 서부에서 발견한 grenadiera.k.a. rattail (대구류의 심해어) 신종, Caelorinchus mediterraneus

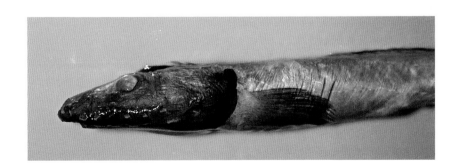

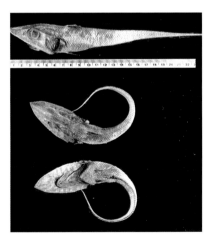

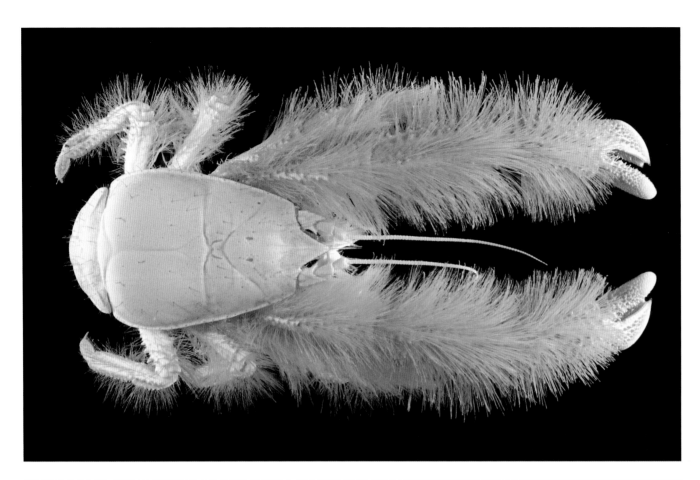

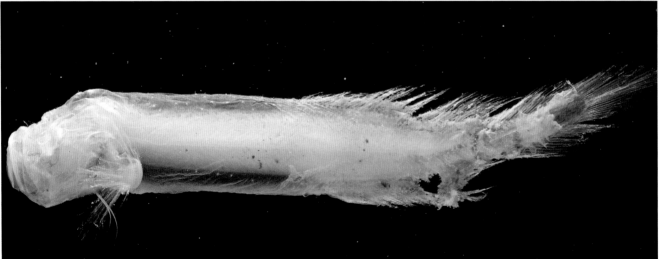

위: 이 신종 게는 이스터 아일랜드 마이크로플레이트Easter Island Microplate 근처에서 채집했다. 이 종은 폴리네시아 신화에 나오는 조개의 여신 이름을 따서 Kiwa hirsuta kiwa라는 이름이 붙었지만, 털이 많은 생김새 때문에 '설인게(yeti crab, yeti는 히말라야 설인의 이름_옮긴이)'로 알려졌다.

아래: Aphyonidae는 수심 700미터 아래 사는 어류의 한 과로 그 과에 속하는 모든 종이 매우 희귀하다. Barathronus속에 들어가는 이 젤라틴질의 표본은 미기재 종일 가능성이 크다.

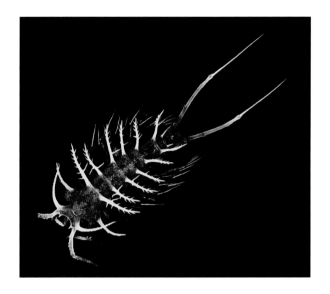

개체조사팀 과학자들은 전혀 기대하지 않았던 곳에서 가장 작은 심해 동물인 요각류를 발견했다. 이 별난 요각류 신종Ceratonotus steiningeri은 2006년 앙골라 해저분지Angola Basin에서 처음 발견되었다. 그 후로 1년 동안 이 종은 대서양 남동부에서도 발견되었고, 1만 3,000킬로미터 떨어진 태평양 가운데서도 발견되었다. 과학자들은 이렇게 작은 동물(0.5밀리미터)이 어떻게 그렇게 널리 분포할 수 있는지, 어떻게 그렇게 오랫동안 발견되지 않고 숨어 있을 수 있었는지 무척이나 놀라고 있다.

루이지애나 해안에서 멕시코 만까지 뻗어 있는 미시시피 해저협곡을 탐사하고 있는 연구자들은 갑각류 Ampelisca mississippiana가 양탄자처럼 바닥을 뒤덮고 있는 것을 발견했다.

보이지 않던 것을 보다

기술의 발달로, 불과 몇 년 전까지만 해도 보는 것조차 거의 불가능했던 새로운 형태의 생물체들을 식별하는 것이 가능해졌다. 혁명적인 새로운 DNA 기술인 454 태그 염기서열 분석법454 tag sequencing은 작은 유전자 조각만 있어도 생물체를 식별할 수 있다. 그 덕에 개체조사팀 과학자들은 해양미생물의 다양성이 예상했던 것보다 열 배에서 백 배 정도 더 크다는 것을 밝혀냈다. 이런 기대 이상의 다양성에 가장 크게 기여하고 있는 미생물들은 개체 수도 적고 기존에 알려지지도 않았던 종들로서, 과학자들은 이 종들이 '희귀 생물권rare biosphere'의 일부로 해양 환경에서 중요한 역할을 할 것으로 믿고 있다.

이 사진 속에 있는 해양미생물은 숫자가 워낙 많다 보니 마치 밤하늘의 별처럼 보인다. 개체조사팀 과학자들은 바닷물 1리터 속에서 2만 종의 서로 다른 박테리아를 찾아냈다. 이들 중 상당수가 기존에는 알려지지 않은 보기 드문 종이었다.

매사추세츠 우즈 홀Woods Hole에 있는 해양생물연구소 이사이자 미생물을 조사하는 개체조사 사업 팀장을 맡고 있는 미첼 L. 소긴Mitchell L. Sogin은 이렇게 말한다. "이런 관찰 덕분에 해양 박테리아의 다양성에 대한 기존의 추정치들은 다 쓸모없는 것이 되고 말았습니다. 천문학자들이 더 강력해진 망원경을 통해서 별의 숫자가 수십억 개에 이른다는 사실을 밝혀냈듯이, 우리도 DNA 기술을 통해서 눈에 보이지 않는 해양생물들의 숫자가 우리의 모든 예상을 뛰어넘고, 그들의 다양성 또한 우리의 상상을 뛰어넘는다는 사실을 깨우쳐 가고 있습니다." 이번 연구가 있기 전에 미생물학자들이 공식적으로 기재한 미생

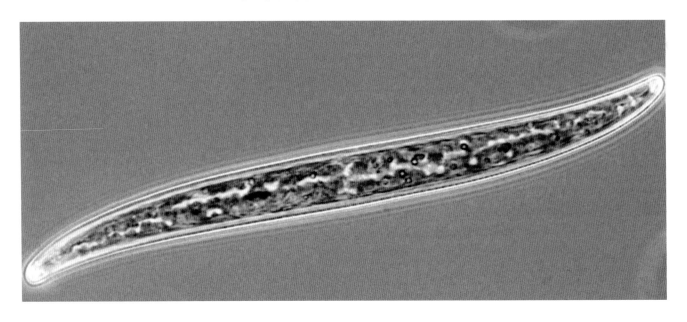

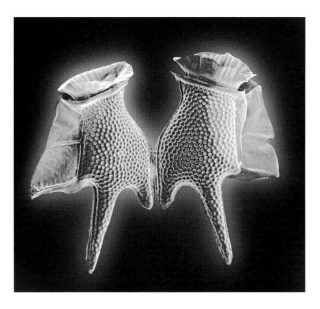

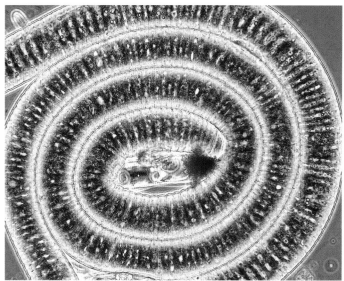

최신 기술 덕분에 과학자들은 다양한 색상과 모양, 크기와 구조를 가진 미생물들을 마음껏 관찰할 수 있게 되었다.

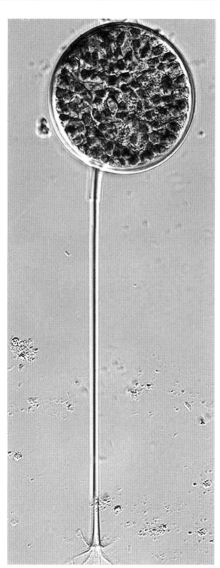

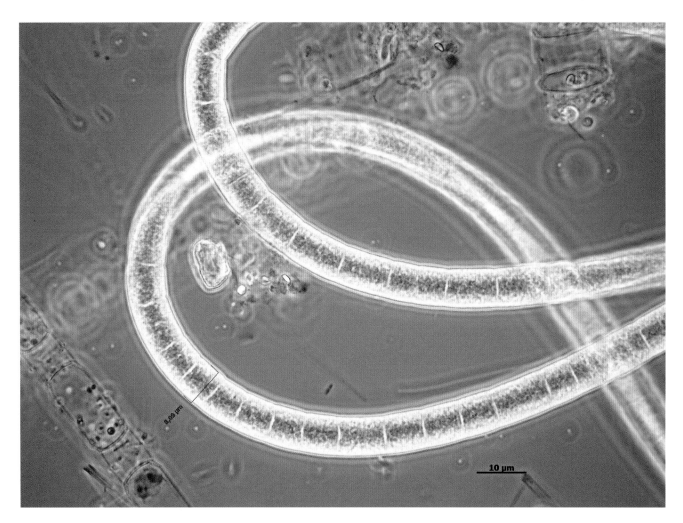

태평양 남동부에서 발견한 대형 황세균sulfur bacteria으로, 신종으로 추정된다. 이 종은 지구에 처음 나타난 생명을 이해하는 단서가 될 수 있고, 외계 생물을 탐사할 때 모델로 삼게 될 가능성도 있다.

물 종은 5,000종이었다. 하지만 이 새로운 DNA 기술을 적용하자 과학자들은 1리터의 바닷물에서 2만 종이 넘는 미생물을 발견했다.

앞날을 바라보며

산호초 프로젝트는 해양생물 개체조사 사업 중에서 늦게 시작된 편이라 2005년이 되어서야 가동하기 시작했다. 대단히 짧은 기간임에도 불구하고 이 프로젝트는 상당한 진전을 보였다. 2006년에 프렌치 프리깃 모래톱으로 나갔던 3주짜리 탐사 기간 동안에는 50군데를 표본조사해서 2,500개의 표본을 채집했다. 과학자들은 이중에서 신종이 적어도 100종은 나올 것이고 게, 산호, 해삼, 멍게, 갯지렁이, 불가사리, 바다달팽이, 대합조개 등에서도 몇몇 신종이 나올 가능성이 있다고 예상하고 있다.

2006년 9~10월에는 남태평양 바누아투의 외딴섬 에스피리투산토Espiritu Santo에 사는 동식물 군집을 조사 보고하기 위해 또 다른 개체조사 표본조사 작업이 진행됐다. 여기서 목록으로 만들어진 생물 종의 숫자도 놀랍기는 마찬가지라서, 십각류(게, 새우, 소라게 등) 1,100종, 연체동물 약 4,000종이 조사되었다. 과학자들은 수백 종에서 많게는 1,000개가 넘는 종이 과학계에 처음 소개되는 종일 것이라 믿고 있다.

2008년에 개체조사팀 과학자들은 잠수부들에게는 오랫동안 친숙한 장소인 대보초와 호주 북서부 산호초 지역에 있는 두 섬의 연안을 체계적으로 탐사하기 시작했다. 그리고 놀랍게도 신종 가능성이 있는 동물 종을 수백 종이나 찾아냈다. 이 탐사는 국제 산호초의 해International Year of the Reef를 기념하는 의미에서 팔방산호라는 화려한 연산호에 대한 체계적인 목록을 최초로 작성했다. 팔방산호라는 이름은 각각의 폴립 주변을 촉수 여덟 개가 둘러싸고 있다고 해서 붙여진 이름이다.

리자드 섬과 헤론 섬(대보초의 일부) 그리고 호주 북서부의 닝갈루 산호초에서는 무척 많은 것들이 발견되었다. 과학자들은 300개 정도의 연산호 종을 채집했는데, 그 중 절반 가까이는 과학계에 처음 소개되는 것으로 생각된다. 역시 과학계에 처음 소개되는 것으로 생각되는 작은 갑각류도 수십 종 발견했는데, 하나나 그 이상의 과에 속하는 종일 가능성이 있다. 또한 주걱벌레붙이류(새우 비슷한 동물로, 어떤 것은 몸체보다도 긴 집게를 가지고 있다)의 갑각류 신종들을 발견했고, 수십 종의 작은 단각류(바다의 곤충)를 발견했는데 이중 40에서 60퍼센트 정도는 처음으로 공식 기재될 것으로 예상된다. 그 외에도, 연구자들은 산호의 건강, 다양성, 생물학적 구성을 측정하는 방식을 표준화해서 전 세계 산호초를 효과적으로 비교할 수 있는 새로운 방법을 고안하여 사용했다.

이 모든 것은 산호초 환경 속에서 위험에 처한 수천 종의 생물에 대한 지식을 넓혀가는 첫 걸음에 불과하다. 2010년까지 산호초 조사가 계속되면 우리는 좀 더 많은 것들을 알 수 있게 될 것이다.

제3부

미래의 바다에는 무엇이 살게 될까

제9장

미래를 내다보며

인류는 언제나 큰 동물을 죽이는 데 능숙했다. 만 년 전에는 끝이 뾰족한 막대기만 가지고도 털복숭이 맘모스, 검치 호랑이, 마스토돈(코끼리 비슷한 동물), 대형 흡혈박쥐 등을 모두 사라지게 하고 말았다. 이제 똑같은 일이 바다에서 일어나고 있다.

— 고故 랜섬 A. 마이어스Ransom A. Myers
수산생물학자, 해양동물 개체 수의 미래 프로젝트 팀장

지구는 빠른 속도로 기후온난화가 진행 중이다. 지금의 예상대로라면 기후 변화가 생물 다양성에 심각한 영향을 미치고, 그로 인해 서식처 파괴와 같은 다른 문제점들이 더 크게 부각되면서 멸종되는 생물이 늘어나고 생태계가 붕괴할 가능성도 크다. 사람들은 보통 해양생물 종들과 해양생태계는 별 문제 없을 거라고 생각한다. 하지만 자세히 들여다볼수록 그런 생각은 틀렸음을 알게 된다. 해양생물 종의 개체 수가 감소할수록 유전적 변이도 감소하고, 그렇게 되면 그 종은 기후 변화와 같은 새로운 환경의 변화에 적응할 수 있는 능력도 떨어지게 된다. 생물 종들은 서로 의지해서 살아가기 때문에 한 종이 사라지게 되면 다른 종도 사라지거나 숫자가 줄어들 수 있다. 생물 종이 사라지거나 종의 개체 수가 얼마 남지 않거나 하면, 생태계는 충분한 종과 유전적 다양성을 확보할 수 없기 때문에 붕괴될 수밖에 없다.

개체조사 사업은 종의 개체 수와 분포, 다양성이 범지구적으로 변화하는 패턴을 해석하고 종합해서 그런 패턴에 영향을 미치는 어업, 기후 변화 등의 영향을 모델링하고 있다. 모든 바다 구역에 걸쳐 진행되고 있는 이 작업은 과거의 변화를 이해하고, 미래의 시나리오를 예측하는 것에 중점을 두고 있다. 우리가 알고 있는 많은 종들이 멸종의 위협에 처해 있고, 이것은 생태계를 건강하게 유지하는 데 필수적인 풍부한 생물 다양성을 잃게 됨을 의미한다는 것을 과학자들은 잘 알고 있다.

대멸종extinction event, mass extinction이란 상대적으로 짧은 시간 안에 종의 숫자가 급

202~203쪽: 이 아귀Himantolophus paucifilosus의 몸에는 진주처럼 생긴 바늘땀 무늬가 점점이 박혀 있다. 이 점은 감각기관이다. 이 기관은 피부를 뚫고 나와 있어서 아주 미세한 물의 움직임도 감지할 수 있다.

204쪽: 과달루페물개Guadalupe fur Seal는 한때 너무 개체 수가 적어서 멸종을 피할 수 없을 거라 생각하기도 했다. 이제는 멕시코 본토에서 240킬로미터 떨어진 과달루페 섬에 가면 제법 많이 보인다.

위: 갈라파고스 섬의 잠수 지역 주변을 돌고 있는 소코가오리cownose ray의 거대한 무리. 이 사진에 나온 것은 극히 일부분에 지나지 않는다.

207쪽: 물속에서 멸종 위기에 처한 태평양 몽크바다표범Hawaiian monk seal, Monachus schauinslandi을 만나는 일은 정말 가뭄에 콩 나듯 하다. 이 종의 개체 수는 1,000마리를 간신히 넘는 것으로 추정하고 있다. 지중해 몽크바다표범Mediterranean monk seal은 더 적어서 개체 수가 500마리에도 못 미친다. 카리브 해와 멕시코 만의 유일한 고유 종 바다표범으로 알려진 카리브 해 몽크바다표범Caribbean monk seal, West Indian monk seal, Monachus tropicalis은 1952년 이후로 볼 수 없다. 미국 정부는 5년 동안 카리브 해 몽크바다표범의 흔적을 추적하였으나 실패하고, 2008년에는 이 종이 멸종된 것으로 공식 발표했다.

격히 감소하는 것을 말한다. 범지구적 멸종 비율extinction rate을 측정하는 데는 육지 화석보다는, 더 풍부한 해양화석을 주로 사용한다.

지구에 생명이 탄생한 이래로 지금까지 대멸종 사건이 몇 차례 있었던 것으로 보인다. 5억 5,000만 년 전부터 지금까지의 화석을 살펴보면 동물종 중 절반 이상이 사라진 대멸종 사건이 다섯 차례 있었다는 증거가 나온다. 가장 최근의 대멸종 사건은 대략 6,500만 년 전인 백악기-제3기 경계기Cretaceous/Tertiary boundary, K-T boundary에 일어났으며, 이때 공룡이 멸종했다. 범지구적인 대멸종이 일어나는 원인은 아직 완전히 밝혀지지 않았지만, 급격한 기후 변화로 시작되었을 가능성도 있다. 백악기-제3기 대멸종의 경우, 과학자들은 왕성한 화산활동으로 햇빛이 감소하면서 지구의 기후가 추워지고, 그 결과 전 세계 많은 생물들이 붕괴된 것으로 믿고 있다. 거기에 더해서, 거대 운석의 충돌로 멸종 속도가 더 빨라졌을 가능성도 있다. 다섯 번의 대멸종 중 네 번의 대멸종은 온실효과와 연관되어 있다. 가장 대규모로 대멸종 사건이 일어났던 2억 5,100만 년 전의 페름기-트라이아스기 경계기Permian/Triassic boundary는 지구 역사상 기후가 가장 뜨거웠던 시기 중 하나였다. 이때는 95퍼센트의 생물 종이 멸종했다.

과학자들은 지구가 여섯 번째 대멸종 단계에 이미 접어들었다고 믿으며, 생물학자들은 이번 대멸종이 그 어느 때보다 큰 규모와 빠른 속도로 일어날 것이라는 이론을 세우고 있다. 하버드 대학교의 E.O.윌슨E.O.Wilson 같은 몇몇 과학자들은 인류의 활동에 의한 서식지 파괴와 급속한 기후 변화가 맞물려서 앞으로 남아 있는 생물 종 중 절반이 100년 내로 사라지게 될 것이라고 예측하기도 한다. 유엔의 지구환경 보고서에 따르면 앞으로 30년 동안 포유류의 25퍼센트 정도가 멸종할 것이라고 한다.

해양 어류를 대상으로 개체조사팀 과학자들이 내놓은 그림을 보면 더욱 암울하다. 범지구적으로 개체조사 연구를 진행한 결과를 보면 지난 반세기 동안 파괴적인 어업활동의 결과, 전 세계 바다의 대형 어류 중 90퍼센트가 사라졌다고 한다. 고故 랜섬 A. 마이어스가 발표한 이 연구는 개체조사 사업의 토대가 된 연구 중 하나다. 이 연구는 47년 전 자료까지 참고해서 열대지역에서 남극에 이르기까지 아홉 개 대양과 네 개의 대륙붕에 대한 자료를 수집해 이루어졌다.

오렌지 러피Hoplostethus atlanticus는 비교적 대형인 심해 어류다. 성장 속도가 느리고 성숙도 느리기 때문에 최고 기록이 149년에 이를 만큼 수명이 길다. 그래서 이 종은 남획에 대단히 취약할 수밖에 없고, 많은 어장이, 특히 뉴질랜드와 호주 근처의 어장은 이미 붕괴되고 말았다.

"제 생각에 가장 큰 문제는 전 세계 바다 중에서 남획되지 않은 곳이 한 군데도 남아 있지 않다는 점입니다." 마이어스는 이렇게 말했다. 그는 대형 어류가 크게 감소하기 시작한 것은 산업적인 어업이 시작된 1950년대 초부터라고 한다. "열대지방의 황다랑어든, 추운 물에 사는 참다랑어든, 그 중간에 사는 날개다랑어든, 패턴은 언제나 똑같습니다. 개체 수가 급속히 감소했죠."

어업 때문에 새로운 종류의 종 고갈species depletion 분류가 생겨났다. 바로 '상업적 멸종commercial extinction'이다. 상업적 멸종이라는 것은 어류나 조개의 개체 수가 어업을 계속하기에는 수지타산이 맞지 않을 정도로 고갈된 것을 말한다. 이것은 완전한 멸종은 아니지만, 이런 종들은 오랫동안 생태계에서 맡아왔던 역할을 더 이상 하지 못한다. 캘리포니아 연안에 사는 흰전복white abalone 같은 일부 종들은 멸종 직전의 상황에 내몰려 있다. 바닥 끌그물 같은 어업 방식은 해저 서식지를 파괴하고 생물 종의 개체 수를 고갈시킨다. 이런 어업 방식을 계속하면 서식지 회복이 지연되거나 불가능해지고 만다.

랜섬 마이어스의 연구 파트너였던 캐나다 댈하우지 대학교 교수 보리스 웜Boris Worm은 이런 손실이 해양 생태계에 큰 영향을 미치고 있다고 말한다. 웜 교수는 육식성 어종이 '바다의 사자와 호랑이'나 마찬가지라고 단언한다. 2003년에 개체조사 사업의 연구로 최상위 포식 어종 90퍼센트가 바다에서 사라졌다는 결과가 나온 후에 웜 교수는 이렇게 말했다. "이런 종의 개체 수 감소로 어떤 변화가 찾아올지는 예측하기도 어렵고 이해하기도 만만치 않습니다. 하지만 이런 변화들은 분명 범지구적 규모로 일어날 것이고, 우리가 정말 염려해야 할 부분은 바로 그 점입니다.”

널리 사용되는 낚시 기법 중 하나인 주낙은 수 킬로미터에 이르는 줄에 미끼를 달아서 다양한 어종을 잡아낸다. 50년 전에는 주낙을 사용하면 바늘 100개당 보통 열 마리 정도의 큰 고기를 잡아올렸다. 2003년 개체조사팀 보고서에 따르면 현재는 보통 100개당 한 마리 정도이고, 초창기보다 고기의 무게도 절반으로 줄었다고 한다. 2003년에 마이어스는 즉각적으로 어떤 조치를 취하지 않으면 전 세계의 대형 어종들이 공룡의 전철을 밟아 사라질 수도 있다고 경고했다. 이 지경에 이르게 된 큰 원인 중 하나가 바로 주낙이다.

비단 어류뿐만이 아니라 다른 생물 종들도 주낙 때문에 위험에 빠져 있다. 개체조사팀 과학자 래리 크라우더Larry Crowder에 따르면 붉은바다거북loggerhead turtle과 장수거북leatherback turtle이 1년 동안 주낙 낚싯줄을 만날 가능성은 40퍼센트에서 60퍼센트 정도로, 그 결과 수천 마리가 죽는다고 한다. 듀크 대학교의 한 연구자는 2004년에 한 발표에서 이 동물들이 바다에서 사라지는 것을 막으려면 신속히 조치를 취해야 한다고 했다. 그는 이렇게 얘기했다. “2000년 한 해 동안 40개국의 주낙 어부들은 평균 길이가 60킬로미터 정도 되는 주낙 낚싯줄에 바늘을 14억 개나 달았습니다. 매일 밤 전 세계적으로 낚시 바늘 380만 개를 물속에 내려보냈다는 얘기죠.”

개체 수 감소로 경고등이 켜진 상태지만, 보리스 웜 교수는 해결책이 있다고 말한다. 과거의 사례를 보면 특정 어장에서 출입을 금지하고 어업활동 규제를 강화하면 특정 어류나 조개류의 개체 수는 놀라운 속도로 회복되었다. 해덕대구haddock, 방어, 가리비 등이 서로 다른 지역에서 개체 수를 회복하기도 했다. 하지만 개체 수가 전 세계 곳곳에서 극적으로 감소해 있는 상황을 무시하기는 힘들다. 개체조사팀 과학자들은 어류자원의 감소를 역전시키려면 전 세계적으로 어업활동을 60퍼센트 정도 줄여야 한다고 한다.

어류와 거북이들만 위험에 처한 것이 아니다. 해양 포유류들도 큰 위기를 맞고 있다. 멸종 위기 종을 살펴보면, 캘리포니아해달, 매너티, 과달루페물개, 몽크바다표범, 혹등고래, 대왕고래(흰수염고래), 긴수염고래, 정어리고래, 참고래, 북극고래 등이 있다. 태평양 동부의 큰바다사자Steller sea lion는 여전히 멸종 위기 종으로 등록되어 있는 가운데, 태평양 서부의 큰바다사자도 30년간 80퍼센트의 개체 수가 감소하여 1997년에 멸종 위기 종으로 등록되었다.

대부분의 해양생물 종은 어떤 상태에 놓여 있는지 정확히 알아내기가 힘들고, 아예 불가능한 경우도 많다. 분포나 서식 범위에 대해서 알려진 것이 거의 없는 종

무게가 1,305킬로그램이나 나가는 이 참치는 1971년 로드아일랜드 주 포인트 주디스에서 열린 미국 대서양 참치 낚시 경연대회에서 잡혔다.

보호사업과 관리를 제대로 하면 특정 종에 대해서는 주낙 어업을 계속 지속할 수 있다는 희망이 있다. 이 사진은 1991년에 촬영한 것으로, 어부들이 알래스카 남동쪽에 있는 좁은 길목인 채텀 해협에서 4.5에서 6 미터 간격으로 바늘을 매단 1.2킬로미터짜리 주낙을 끌어올리고 있다. 물속에 큰 은대구Anoplopoma fimbria 한 마리가 들어 있다. 최고 수명 기록이 94년에 이를 만큼 오래 사는 이 종은 80퍼센트 이상이 주낙으로 잡힌다. 이 어업을 관리하는 것은 북태평양어업관리위원회North Pacific Fishery Management로 이곳에서 연간 은대구 어획량 할당량을 정한다.

들이 많아서 그 종이 숫자가 많은 것인지, 아니면 애초부터 희귀한 것인지, 혹은 개체 수가 안정되어 있는지, 변화 중인지, 멸종 위험에 빠져 있는지를 알아낼 방법이 없다. 비교적 관찰이 쉬운 해양생물 종들은 연안 서식처에 사는 종, 그중에서도 특히 잘피나 산호 같은 정착성 생물이거나, 해양 포유류나 바닷새들처럼 수면이나 뭍에서 시간을 보내는 종들에 국한되어 있다. 개체조사 연구는 기존에 그 상태를 알기 힘들었던 몇몇 해양생물 종에 대해 상당한 양의 정보를 밝혀냈다. 앞으로도 연구를 계속해서 해양생물의 다양성에 대해 우리가 모르고 있는 공백들을 메워 가야 할 것이다.

멸종 위기에 처한 혹등고래가 하와이 마우이 섬 근처의 바다에서 노래를 부르고 있다. 자몽 크기만 한 혹등고래의 눈이 입 뒤에 붙어 있다.

북태평양에 가면 멸종 위기에 처한 큰바다사자Eumeto-
pias jubatus를 볼 수 있다. 기각류pinniped 중에서 큰바다사
자보다 큰 종은 해마나 코끼리바다표범 정도밖에 없다.
큰바다사자는 알래스카 서식처 상당수 지역에서 알 수
없는 이유로 개체 수가 크게 줄어 최근 수십 년간 관심이
집중되고 있다.

한때 개체 수가 15만에서 30만 마리에 달했던 것으로 추정되는 캘리포니아해달은 모피 때문에 1741년에서 1911년 사이에 광
범위하게 포획되어 전 세계 개체 수가 고작 1,000마리에서 2,000마리 정도밖에 남지 않았었다. 그 이후 국제
적으로 사냥을 금지하고 보호사업을 시행하고, 기존에 서식하다가 사라진 곳에 새로 개체를 이주시키는 등의 노력을 통해서
개체 수가 어느 정도 회복되었다. 비록 알류산 열도Aleutian Islands와 캘리포니아 지역에서는 최근 개체 수가 감소하거나 부진
한 수준에서 정체되어 있기는 하지만, 해달의 개체 수 회복은 해양 환경보호사업의 중요한 성공 사례로 평가되
고 있다. 캘리포니아해달은 지금도 여전히 멸종 위기 종으로 분류되어 있다.

모델링 작업과 통계 작업을 통해서 개체조사 사업은 미래의 바다에 무엇이 살게 될지를 알아내려 하고 있다. 지금 언급되고 있는 큰 연구 과제는 다음과 같다.

- 전 세계적으로 해양생물의 다양성은 어떤 형태로 펼쳐지고 있을까?
- 생물 다양성의 패턴과 변화를 이끄는 주요 인자는 무엇인가?
- 밝혀진 종과 밝혀지지 않은 종을 모두 포함해서 바다에는 얼마나 많은 생물 종이 살고 있을까?
- 주요 생물 종 그룹의 개체 수는 시간의 흐름에 따라 어떻게 변해 왔는가?
- 어업활동과 기후 변화가 생태계에 어떤 결과를 낳게 될까?
- 바다 동물의 분포가 어떻게 변하고 있는가?
- 동물의 습성과 환경이 동물의 이주에 어떤 영향을 미칠까?

백상아리의 감소

생태학자들은 오래전부터 포식자의 숫자가 감소하면, 동식물들 간에 잡아먹고, 잡아먹히는 복잡한 상호작용 네트워크인 전체 먹이망에 영향을 미친다는 것을 잘 알고 있었다. 이런 전제를 조사한 개체조사팀 연구자들은 해양 먹이망에서 포식생물 종이 사라지면 생태계에 장기적인 변화를 야기하고, 그런 변화를 돌이키지 못할 수도 있다고 결론 내렸다. 연구자들은 특별히 '백상아리'라고 부르는 상어 두 종을 선정해서 연구했다. 백상아리는 가오리, 홍어, 작은 상어 등의 다른 연골어류도 잡아먹는다. 개체조사팀 연구자들은 대형 상어들의 개체 수가 급감했음을 밝혔고, 블랙팁 상어blacktip shark, 황소상어bull shark, 흑상어dusky shark, 흉상어sandbar shark, 뱀상어tiger shark 등의 평균 체장이 줄어든 것에서 알 수 있듯이, 이 최상층 포식자들 중에서도 몸집이 제일 큰 개체들은 사라져 버렸음을 밝혀냈다. 이는 과도한 남획으로 인해 성숙한 개체는 거의 남지 않게 되었음을 의미한다.

포식성 상어의 개체 수가 감소하자 북서대서양 연안 생태계에 있는 그 먹이 동물들의 숫자가 폭발적으로 늘어났고, 개체군 구조 변화의 영향으로 전체 먹이망이 영향을 받았다. 일례로 소코가오리의 숫자가 증가함에 따라 소코가오리의 먹이종인 해만가리비bay scallop의 숫자는 너무 감소해서 100년을 이어온 가리비 어업이 문을 닫을 지경에 이르렀다.

국제적으로 상어 개체 수 감소에 대해 걱정하는 목소리가 커졌고, 결국 상어를 보호하기 위한 노력도 점차 늘고 있다. 하지만 과학자들은 그런 방안들이 너무 미약하거나 늦은 것은 아닌지 불안해하고 있다. 상어 지느러미와 상어 고기는 국제적

213쪽: 소코가오리는 자기를 잡아먹는 가장 주요한 생물 종인 백상아리의 숫자가 감소함에 따라 이제는 번창하고 있다. 이 가오리는 지느러미를 빠르게 펄럭거리며 아가미 밖으로 모래를 날려서 침전물 속에 숨어 있던 굴, 게, 기타 다른 조개류 등을 노출시킨다. 가오리는 이빨이 강력해서 호두까기 기구처럼 조개를 물고 으깰 수도 있다.

브리티시컬럼비아 연안에서 볼 수 있는 이런 가리비 Chlamys hastata 종류는 소코가오리가 가장 좋아하는 먹이 중 하나다. 조개껍질 가장자리를 따라 나 있는 작은 점들은 가리비의 눈이다.

으로 수요가 좀처럼 줄지 않고 있다. 상어지느러미 수프는 중국의 별미로 부의 상징으로 통하기 때문에 결혼이나 다른 특별한 행사에서 많이 찾는다. 상어 지느러미를 얻기 위한 어업 방식은 논란도 많고, 문제점도 많다. 이 어업 방식은 전 세계적으로 상어 숫자를 감소시키는 원인 중 하나로 지목받고 있다. 상어와 관련된 또 하나의 문제는 뜻하지 않게 잡힌 상어들이다. 상업적 어부들은 자기가 원하는 종을 쫓는 과정에서 상어가 잡히면 다시 바다로 던져 버리는데, 대부분은 죽거나 상처 입은 채로 버려진다. 매년 이런 식으로 5,000만 마리 정도의 상어가 뜻하지 않게 잡히는 것으로 추정된다.

개체조사팀의 연구 결과는 다른 연구자들의 작업을 통해서도 확인되었다. 노스캐롤라이나 대학교는 상어를 대상으로 1972년부터 최장기 연구 프로그램을 진행해 왔다. 그 연구 자료는 대형 상어가 일정 규모 이상 감소하게 되면 멸종에 이를 수도 있음을 보여준다. 일곱 종의 감소율을 살펴 보면, 낮게는 흉상어Carcharhinus plumbeus 87퍼센트, 블랙팁 상어C. limbatus 93퍼센트부터, 높게는 뱀상어Galeocerdo cuvier

이제는 귀하고 찾아보기 힘들게 되었지만, 현재로서는 아마도 흉상어Carcharhinus plumbeus가 하와이에서 가장 많은 상어일 것이다.

홍살귀상어Sphyrna lewini는 아직 하와이 근처에서 발견되기는 하지만, 그 수가 무척 제한되어 있다.

황소상어Carcharhinus leucas는 민물에서도 살 수 있는 것으로 유명하다. 이 상어는 민물에서 새끼를 낳는다. 황소상어는 상대적으로 오염이 없는 환경이 필요하기 때문에 심각한 환경 스트레스에 시달리고 있다. 사진은 피지의 베카 초호Beqa lagoon에서 촬영한 것이다.

흑상어Carcharhinus obscurus는 고기와 기름, 지느러미를 위해 남획되었다.

등지느러미로 수면을 가르는 백상아리Carcharodon carcharias의 모습은 전형적인 포식자의 풍모를 보여준다. 이 사진은 남호주South Australia의 바다에서 촬영한 것이다.

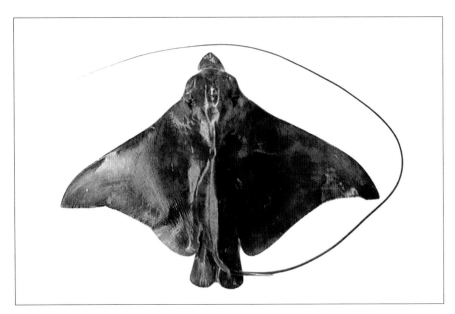

일본 연안에서 박쥐가오리longheaded eagle ray, Aetobatus flagellum 개체 수가 늘어나는 바람에 조개 개체 수가 급감하고 있다.

얼룩매가오리Spotted eagle ray, Aetobatus narinari가 하와이 주변에서 점차 흔해지고 있다.

97퍼센트, 홍살귀상어Sphyrna lewini 98퍼센트, 그리고 황소상어C. leucas, 흑상어C. obscurus 및 귀상어S. zygaena는 99퍼센트나 그 이상에 이르기까지 높다. 이 조사를 진행한 장소는 상어들이 계절을 따라 이동하는 경로와 겹치기 때문에, 이런 개체 수 변화 양상은 대서양 연안 전체의 개체 수 변화를 반영하고 있을지도 모른다.

개체조사팀의 분석자료를 보면 상어의 먹이 동물 개체 수는 각각 열 배 정도 불어난 것으로 보인다. 연구 결과를 종합해 보면, 지난 16년에서 35년 사이에 열네 종 중 열두 종의 개체 수가 불어난 것으로 나왔다. 가장 크게 늘어난 것은 소코가오리Rhinoptera bonasus였다. 이렇게 믿을 수 없을 정도로 크게 늘어난 개체들은 엄청난 양의 쌍각류, 그중에서도 특히 해만가리비Argopecten irradians, 다랑조개Mya arenaria, 대합Mercenaria mercenaria, 굴Crassostrea virginica 및 몇몇 작고 상업적으로 이용하지 않는 패각류들을 대량으로 먹어치웠다. 소코가오리가 1년 동안 먹어야 하는 쌍각류의 양은 체서피크 만에서만 따져보더라도 92만 5,000톤이다. 반면, 2003년 버지니아 주와 메릴랜드 주에서 상업적으로 수확한 쌍각류는 330톤에 불과했다. 소코가오리의 포식활동 증가는 남획과 질병, 서식처 파괴, 오염 등의 효과와 맞물려 대합, 다랑조개, 굴 등의 개체 수 회복을 막고 있다.

다른 연안 지역에서도 비슷한 생태계 문제가 생기고 있다. 대서양 북동부 지역의 연구 결과를 보면 몇몇 상어 먹이종의 개체 수 증가가 눈에 띈다. 태평양 북서부의 일본 아리아케 해협에서는 포식종인 상어의 남획이 특히 심했다. 그 결과 박쥐가오리Aetobatus flagellum 개체 수가 증가하면서 일부 종류의 조개들이 자연산과 양식산 모두 그 개체 수가 매년 급감하고 있다.

어업 방식의 변화로 고래를 구하다

하지만 모든 상황이 다 우울하기만 한 것은 아니다. 또 다른 개체조사팀 연구를 살펴보면, 성공적인 바다가재 어장 관리가 어떻게 북대서양참고래를 이롭게 했는지 나와 있다. 북대서양참고래는 70년간의 보호 노력에도 불구하고 심각한 멸종 위기종으로 내몰려 있으며, 배와 충돌하거나 어업 장비에 걸리는 사고로 죽는 경우가 많아 개체 수 회복에 어려움이 많다. 사진을 통해 참고래를 연구하는 과학자들은 참고래의 75퍼센트 정도가 무언가에 얽혀서 상처가 났던 흔적을 몸에 지니고 있고, 그것이 주로 바다가재를 잡을 때 쓰는 장비 때문에 생긴 상처라는 것을 알게 되었다. 바다가재용 덫은 수면의 부표에 연결되어 있고, 바닥에서는 다른 덫들과 연결되기 때문에 메인 만에서 헤엄치며 먹이활동을 하는 고래들이 얽히는 경우가 많았다. 이렇게 얽히는 사고를 줄이려고 정부가 규제를 가하는 등 노력하고 있지만 상황은 점점 악화되고 있다.

개체조사팀의 연구는 메인 주의 바다가재 어부들이 수입에 피해를 보지 않고도 어떻게 북대서양참고래를 보호할 수 있었는지를 잘 보여주고 있다. 노바스코샤 주와 메인 주의 바다가재 어업을 비교해 본 연구자들은 메인 주 어부들이 덫 숫자를 줄이고, 어업 기간을 6개월 정도 단축한다고 해도 낮은 경비로 똑같은 양의 바다가재를 잡을 수 있음을 알아냈다. 이렇게 하면 참고래가 어업 장비와 얽히는 사고를 줄여서 참고래를 보호할 수 있다. 보리스 웜은 이렇게 말한다. "이것은 전형적인 윈-윈 상황이죠. 기름 값도 비싸고, 미끼 가격도 만만치 않은 상황에서 어업 기간을 줄이고 덫을 줄여도 똑같은 어획량을 얻을 수 있다면 돈이 많이 절약되니까요."

이 개체조사팀 연구는 또한 두 지역의 어업에서 드러나는 극명한 차이점도 보여주고 있다. 노바스코샤 주에서는 바다가재 조업이 겨울철에만 허가가 나는 반면, 메인 주에서는 사시사철 조업이 가능하다. 게다가 노바스코샤 주에서는 메인 주보다 덫을 88퍼센트나 적게 사용한다. 이런 차이에도 불구하고 어획량은 비슷하다. 이는 어업이 얼마나 쓸데없이 애쓰는 부분이 많은지를 분명하게 보여주는 증거다. "어업계와 정부당국에서는 고래가 잘 걸리지 않게 장비를 개선하려고 무척 애를 써왔습니다. 하지만 불필요한 장비를 줄이는 것처럼 효과적인 일은 없죠." 개체조사팀 과학자인 뉴햄프셔 대학교의 앤드루 로젠버그Andrew Rosenberg의 말이다.

청줄통돔common bluestripe snapper, Lutjanus kasmira을 포함해 수없이 많은 해양생물의 미래를 보장하기 위해서는 즉각적인 보호와 관리가 절실하다.

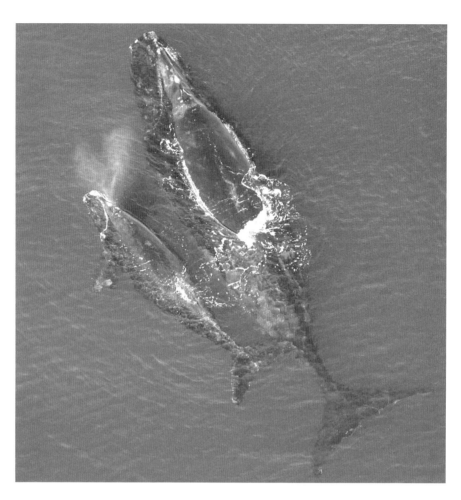

북대서양참고래Eubalaena glacialis는 심각한 멸종 위기에 처해 있다.

　개체조사 연구는 관리 전략을 수정하는 것만으로도 멸종 위기 종이나 위험에 처한 생태계에 훨씬 더 나은 기회를 제공해 줄 수 있는 특수한 상황이 있음을 밝혀냈다. 그런 연구들 중 한 연구에서는 산호초가 해양보호구역에 얼마나 포함되어 있는지, 그 효과는 어떤지, 그리고 산호초가 보호받지 못하고 있는 범위는 어떤지 전 세계를 대상으로 평가했다. 개체조사팀은 전 세계 산호초의 위성사진을 포함해서 102개국의 해양보호구역에 대한 데이터베이스를 구축하고, 1,000명이 넘는 해양보호구역 관리자와 과학자들을 만나 보호구역에서 어떤 보호관리 방안을 진행하고 있는지 조사했다.

　산호초는 전 세계적으로 고통 받고 있다. 산호가 엄청난 규모로 죽고 다양성을 잃고 있어서 산호초를 보호하는 데 국제적인 노력이 집중되고 있다. 2003 세계보호구역회의The 2003 World Parks Congress는 남아 있는 산호초의 20에서 30퍼센트 정도는 2012년까지 해양보호구역으로 묶어 엄격하게 관리해야 한다고 권고했다. 보고서를 작성한 2006년 당시 개체조사팀 과학자들이 결론내린 바에 따르면, 열대 산호초 중 18.7퍼센트가 해양보호구역 내에 있었지만, 이 중요한 산호초 생태계 중 겨우 1.4퍼센트만이 자원 추출이나 밀렵, 기타 주요 생태계 위협 활동을 전적으로 금지하는 해양보호구역 안에 들어가 있었다. 이 연구를 통해 산호초 생태계가 얼마나 취약한 상태에 있는지 주목하게 되었고, 그때까지의 국제적인 보호 전략을 시급하게 재평가해야 할 필요가 있다는 인식이 확산되었다.

해양생물의 다양성을 잃게 되는 주요 원인을 들자면, 어업, 어업 과정에서 원하지 않았던 것들이 잡혀서 죽는 사고, 해양 포유류나 바닷새, 거북 등의 사냥, 독성 화합물과 부영양화, 서식처 파괴, 그리고 인간에 의한 외래종 도입 등이 있다. 개체 조사 연구팀은 종의 개체 수, 분포 및 다양성이 범지구적으로 어떤 패턴으로 변화하고 있는지 조사해서 종합하고 있으며, 어업과 기후 변화 등 관련된 핵심 변수들이 어떤 영향을 미치는지 알아내기 위해 모델링 작업을 하고 있다.

개체조사팀의 목표는 해양동물 개체 수와 생태계에 일어났던 대규모의 변화와 그 장기적인 변화 경향을 종합적으로 분석해서, 해양동물의 개체 수와 그 다양성을 공간적인 패턴과 단기적인 역학으로만 바라볼 것이 아니라 시간적 차원에서 흐름을 볼 수 있게 하려는 것이다. 장기적 변화의 조사 대상 중에는 과거에 개체 수가 감소할 때 나타났던 흐름도 포함되어 있고, 다시 회복된 경우에는 그 흐름도 함께 조사한다. 대규모 변화의 조사 대상 중에는 종 분포의 공간적 패턴 변화가 들어간다. 장기적 변화와 대규모 변화에 대한 조사를 진행함과 동시에, 그 변화를 만들어내는 내재적 요인과 그러한 변화의 결과를 분석함으로써 해양생물 다양성이 현재와 미래에 어떻게 바뀌어 갈지 평가하려는 노력이 함께 할 것이다. 마지막으로, 개체조사 사업은 생물 다양성의 변화가 지금, 그리고 앞으로 먹이망의 구조와 기능에 어떤 결과를 가져올지를 분석하기 위한 모델링의 틀을 개발하고 있다.

제10장
앞으로 나아갈 길

해양생물을 연구하면서 흥미로운 것은 한 가지 해답을 얻을 때마다 또 다른 질문
이 꼬리를 문다는 점입니다.

—이언 포이너Ian Poiner
호주해양과학 연구소, 개체조사팀
과학조정위원회 의장

뉴스를 잘 챙겨듣는 사람들이라면 해양 생태계 대부분이 곤경에 빠져 있고, 인류에
게 아낌없이 베풀어주던 바다가 위기에 처해 있다는 사실이 새삼스럽지도 않을 것
이다. 남획과 오염, 기후 변화 등이 전 세계에 걸쳐 생태계의 활력과 건강을 해치고
있을 뿐 아니라, 개개 생물 종 또한 위협하고 있어서, 일부는 인간의 맹공을 견뎌내
지 못하고 사라질 위험한 지경에 이르렀다. 바다는 더 이상 인류의 오염물질 투기
와 남획을 견딜 수 없고, 앞으로 우리가 그 대가를 치르게 되리라는 점도 점차로 분
명해지고 있다.

지난 10년간 새로 접한 소식들은 충격적이고, 거의 믿기 힘들 정도다. 그런 소
식 중에는 거의 아프리카 크기 정도의 거대한 쓰레기 더미로 해양생물을 가두어 죽
게 만든다는 '태평양 거대 쓰레기 더미great Pacific garbage patch' 얘기부터, 산호가 대규
모 탈색현상을 보이며 파괴되고 있다는 소식, 산소가 없어 생물이 살아갈 수 없는
거대한 '죽음의 바다dead zone' 소식까지도 들린다. 뉴스의 헤드라인에서 눈길을
거두지 않고, 과학자들이 실제로 발견해 낸 내용을 좀 더 깊숙이 파고들어 읽다 보
면, 그런 이야기들이 좀 더 설득력 있게 들리고 어떤 뉴스들은 정말 불길한 징조로
느껴질 것이다.

일례로 과학자들은 카리브 해 산호초의 절반, 그리고 전 세계 산호초의 1/4 정
도가 이제는 죽어버린 것으로 추정하고 있다. 이렇게 산호초가 파괴된 이유는 주로
오염, 물리적 파괴, 지구 온난화의 직접적인 영향으로 수온이 상승한 점(대부분의 산호

222쪽: 심각한 멸종 위기에 내몰린 상수거북Dermo-
helys coriacea은 정기적으로 태평양 동부의 바다에서 수
천 킬로미터에 걸친 먼 거리를 이동하면서 여러 나라
를 넘나든다. 개체조사팀의 조사에 의하면 해류가 장
수거북의 이동 경로를 정하고, 남태평양에서의 분포
범위에도 영향을 미친다고 한다. 이런 연구 결과는 장
수거북이 이동하는 경로와 공해상에서 다양한 규모의
보호 전략을 개발해야 한다는 생물학적 근거를 마련해
주고 있다.

때로는 현대 생활의 기반시설들이 사람들 개개인의 활동과 너무 밀접하게 연결되어 있다. 사진은 플로리다 델레이 비치Delray Beach 해변의 오수 배출 파이프 옆에 있는 잠수부들이다.

좋은 살 수 있는 수온의 범위가 매우 좁다) 등을 들 수 있다. 산호의 생존을 더욱 어렵게 만드는 것은 이산화탄소 농도의 증가다. 이로 말미암아 바다의 탄산염 화학 시스템에 변화가 오고, 바다의 가장 기본적인 생물학적, 지구화학적 과정이 일부 영향을 받게 되었다. 1980년부터 인류의 활동으로 대기에 방출된 과도한 이산화탄소 중 1/3이라는 상당한 양이 바다에 흡수되어 저장됐다. 이산화탄소의 흡수로 바다의 pH가 낮아지고, 더 산성화되면서 산호를 포함해서 많은 해양생물 그룹이 골격 구조를 만드는 데 사용하는 탄산염 무기물의 포화도가 낮아지게 되었다. 과학자들은 이 상태를 개선하지 않는다면 남아 있는 산호초들도 2075년이면 모두 죽고 말 것이라고 경고한다.

또 다른 걱정스러운 얘기는 나미비아 연안의 거대한 죽음의 바다에 대한 것이다. 과학자들은 매년 커져가는 그 영역의 크기를 측정하고 있다. 이 바다에 사는 유일한 서식자는 불리한 여건에서도 잘 산다고 해서 바다의 바퀴벌레로 불리는 해파리다. 해파리 개체 수가 폭발적으로 증가하고 있는 이유는 해파리가 산소가 고갈되고 수온이 높은 환경에서도 살아남을 뿐 아니라, 해파리를 잡아먹는 포식자인 활치spadefish, 개복치, 붉은바다거북 등의 개체 수가 줄어든 때문이기도 하다. 미국 국립

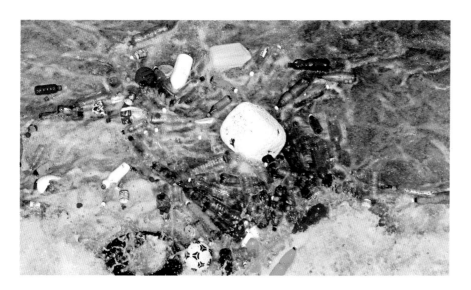

'태평양 거대 쓰레기 더미'는 태평양 위에 떠 있는 거의 아프리카 크기의 쓰레기 더미다. 이 플라스틱 쓰레기 더미는 그 안에 갇히는 해양생물에게는 큰 위협 요소가 될 수 있다.

과학재단U.S. National Science Foundation에 따르면 해파리 개체 수는 호주, 영국, 하와이, 멕시코 만, 흑해, 지중해, 동해, 중국 양쯔강 하구 등에서도 급격히 불어나 문제를 일으키고 있다. 이런 문제들이 워낙 일반적인 것이 되다 보니, 그런 현상을 지칭하는 '바다의 해파리화Jellification of the ocean'라는 용어를 사용하기에 이르렀다.

다른 죽음의 바다보다 크긴 하지만, 그렇다고 나미비아의 죽음의 바다가 특별한 것은 아니다. 버지니아 해양과학연구소Virginia Institute of Marine Science의 로버트 J. 디아즈Robert J. Diaz와 스웨덴 구텐베르크 대학교University of Guthenburg의 룻거 로젠버그Rutger Rosenberg는 2008년 〈사이언스Science〉지에 발표한 논문을 통해 전 세계적으로 이제 죽음의 바다가 400개가 넘었다고 했는데, 이것은 그보다 겨우 2년 앞서서 유엔이 발표했던 것보다도 두 배로 많아진 것이다. 종합해 보면, 이 죽음의 바다는 전 세계 바다 중 총 24만 5,000평방킬로미터에 영향을 미치고 있다.

과도한 남획은 해양생물 개체 수가 감소하는 데 결정적인 역할을 했다. 국제연합 식량농업기구Food and Agriculture Organization of the United Nations에 따르면 주요 어장 중 75퍼센트 가량이 착취되거나 과도하게 남획되고 어업자원이 고갈된 상태라고 한다. 개체조사팀 연구자인 보리스 웜과 고故 랜섬 마이어스가 〈네이처Nature〉지에 발표한 논문을 보면, 참치나 상어, 황새치 등의 최상위 포식자들 중 90퍼센트 정도의 개체가 이미 인간에게 잡혀 사라졌다고 한다. 상위 포식자들이 사라지고 나면 먹이망의 전체적인 구성이 예측할 수 없는 방향으로 바뀌게 될 것이고, 그 결과가 바람직하기를 기대하기는 어렵다. 마이어스와 웜은 계속해서 〈사이언스〉지에 낸

이 카리브 해 산호초의 탈색현상은 바다의 수온이 올라간 결과로 생겼다.

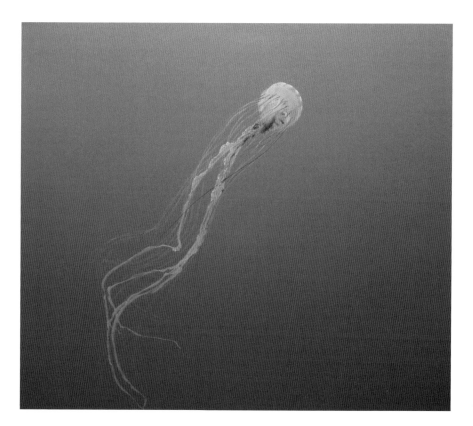

해파리는 형태와 크기가 무척 다양해서 여기 사진에 나와 있는 비교적 흔한 해파리Chrysaora melanaster처럼 아름다운 종이 많다. 이 사진은 북극해의 캐나다 해저분지에서 촬영했다. 일부 바다에서는 해파리가 우점종 자리를 차지해 가는 중이다.

논문을 통해서 현재의 어업 방식을 계속 이어간다면 지금 우리가 알고 있는 형태의 상업적 어업은 2050년에 가서는 완전히 붕괴하고 말 것이라고 보고했다. 이런 예상이 맞다면, 우리들 중 상당수가 야생에서 잡힌 마지막 물고기를 살아생전에 직접 목격하게 될 가능성이 크다.

일부 과학자들은 우리가 어업을 계속 해서 어종의 번식에 필요한 최소 수준 이하로 개체 수를 줄여버리게 된다면 결국 그 종을 멸종에 이르게 할 수 있다고 주장한다. 오렌지 러피는 자주 언급되는 사례다. 오렌지 러피를 상업적으로 포획하기 시작한 것은 불과 10년 전부터다. 이 어종은 수명이 길어서 방해요소만 없다면 대략 150년까지 사는 것으로 믿고 있고, 번식을 시작하는 나이는 대략 스물다섯 살 정도다. 이 어종이 전 세계적 주방에서 인기를 끌게 되자, ᆨ 실과 밀종의 위기에 내몰리게 되었다. 번식활동을 해야 할 성어들을 수요를 맞추느라 잡아들인 덕에, 개체 수가 급감하고, 어종의 미래도 어두워진 것이다.

부분적으로는, 현재 전 세계 바다가 처해 있는 상황은 지난 한 세기 동안 인구의 유례없는 폭발적 성장과 더불어 기술의 급격한 발전 때문이기도 하다. 탐험가들이 가장 외딴 바다로 나가 가장 어두운 심연을 관찰할 수 있게 해준 기술과 노하우는 역설적이게도 어업의 효율성과 전문성 또한 향상시켜서, 지금까지는 상상할 수

226쪽: NASA가 2007년 11월에 우주에서 촬영한 나미비아 연안의 사진. 대서양 연안 수백 킬로미터에 걸쳐 식물성 플랑크톤 물꽃phytoplankton bloom이 피고 짐에 따라서 바다가 파란색과 초록색으로 밝아진다. 해류와 용승하는 물에 실려오는 영양분을 먹고 식물성 플랑크톤이 나미비아 연안에 엄청나게 늘어나기 때문에 그 플랑크톤이 죽고 부패하는 과정에서 물속에 녹아있던 산소가 고갈되고 만다. 식물성 플랑크톤은 죽으면 해저로 가라앉고, 박테리아는 그것을 먹는다. 하지만 식물성 플랑크톤 사체가 워낙 많다보니 박테리아가 그 사체를 미처 다 분해하기도 전에 물속 산소가 고갈되어 버리고, 결국 물고기가 살 수 없는 죽음의 바다가 되고 만다.

도 없었던 막대한 어획량으로 새로 늘어나는 인구를 먹여 살렸다. 2008년 현재 전 세계 인구는 거의 67억 명에 이른다. 2042년에는 90억 명에 이를 것으로 예측되고 있다. 이러한 인구 폭발은 전 세계 생태계에 유례없이 큰 압박으로 작용해서 해양 생물자원의 건강성 유지에 어려운 과제를 던져주게 될 것이다.

개체조사 사업이 변화를 만들어가다

앞에서 소개한 비관적인 전망들은 개체조사 사업이 하는 일이 얼마나 중요하며, 앞으로 얼마나 큰 기여를 하게 될지를 강조해 주고 있다. 개체조사 사업이 전 세계 바다의 생물에 대한 이해를 증진시키는 데 얼마나 큰 기여를 했는지는 새삼 강조할 필요가 없을 것이다. 개체조사 연구로 나온 결과물은 이미 윤곽이 드러나 있거나, 앞으로 드러나게 될 문제점들에 대한 과학적 해결책을 마련해 줄 것이라는 기대를 불러오고 있다.

개체조사팀은 2010년에 해양생물에 대한 최초의 목록을 작성해 보고할 것이며, 거기에는 개체 수와 분포, 그리고 생물 다양성에 대한 자료도 실려 있어, 앞으로 개체 수에 생기는 변화를 비교할 수 있는 기준선으로 역할을 다하게 될 것이다. 그리고 그 다음으로는 전 세계에서 정책을 입안하고 결정하는 사람들이 앞으로 어떻게 바다를 관리할지 결정하고, 해양생물자원을 건강한 수준으로 보호하고 회복하기 위한 행동에 나설 수 있도록 과학적 기반을 제공해 줄 것이다.

역사적 측면을 다루었던 개체조사팀의 작업은 복잡한 과학적 문제를 해결하는 데 다방면의 전문분야가 함께 팀을 이루어 작업하는 것이 얼마나 많은 이점이 있는지 보여주었다. 결국, 개체조사팀의 포괄적인 접근 방법은 과학 연구 방식을 훨씬 다양하게 넓혀 놓았다. 개체조사팀이 마련한 해양생물 종과 생태계의 역사적 기준선은 위기에 처한 해양자원의 관리와 회복에도 큰 도움을 줄 것이다. 과거 건강했을 때의 개체 수, 분포, 생물 복합성biocomplexity 수준을 기반으로 합리적인 목표를 설정할 수 있기 때문이다. 여기서 생물 복합성이란 생물을 지탱하고 그들에게 영향을 미치면서, 다시 역으로 생물에 의해 변형되기도 하는 여러 가지 행동학적, 생물학적, 화학적, 물리적, 사회적 상호작용들이 다시 또 그들 간에 어떻게 상호작용하는지를 고려하는 대단히 폭넓은 개념이다.

이 해파리(꽃우산해파리속Olindias에 속하는 신종)는 호주 대보
초의 일부인 리자드 섬 개체조사 탐사에서 촬영한 것
이다. 하지만 이것도 온라인 〈생물백과사전Encyclo-
pedia of Life〉 목록에 실리게 될, 23만 종 정도로 추정
되는 알려진 생물 종 중 하나일 뿐이다.

개체조사 사업을 통해 이런 값진 관리 도구를 얻게 되었을 뿐 아니라, 한때는
가려져 있었던 바다를 들여다볼 수 있는 창문이 열리게 되었다. 개체조사 사업은
태평양 북서부에 해양 추적망을 구축해 놓았다. 이 추적망은 앞으로 진정 범지구적
인 규모로 추적망을 구축하려고 할 때 모델 역할을 해줄 것이다. 이 추적망은 동물
의 습성에 대한 자료만이 아니라 해양학적 자료도 제공해 준다. 이 구축망이 범지
구적으로 확장되면 물고기부터 바닷새, 북극곰에 이르기까지 수천 마리의 해양동
물을 음향신호를 통해 추적할 수 있게 된다. 이런 범지구적인 추적망은 동물이 어
떻게 이동하는지에 대한 지식을 제공해 주는 한편, 수온이나 염도와 같은 해양학적
정보도 함께 기록해 준다. 이런 자료들은 과학계에 완전히 공개되어 지구 변화를
이해하는 데도 크게 기여하게 될 것이다. 이런 혁신적인 내용들은 개체조사팀 과학
자들이 전 세계 바다를 조사하는 데 필요한 시스템을 구상하고 그것을 구축하기 위
해 첫 발을 내딛지 않았다면 불가능했을 것이다.

개체조사 사업은 또한 동물을 이용해 바다를 관찰하는 부분에서도 선봉을 지켜

왔다. 이 방법 덕분에 해양동물들이 경험하는 수중 환경을 우리도 그대로 체험하는 일이 가능해졌다. 이 방법을 처음 시작하고 8년 동안은 상어부터 오징어, 바다사자, 신천옹에 이르기까지 스물세 종에 꼬리표를 붙여서, 이 동물들이 먹고, 짝짓기 하고, 자고, 이동하는 것을 말 그대로 하나하나 다 쫓아다니듯 세밀히 추적했다. 이런 식으로 많은 동물들의 생활과 습성들을 종합적으로 관찰하는 일은 이전에는 불가능했던 것이다. 이런 대대적인 꼬리표 작업을 통해 얻은 지식은 종이 이동하는 경로와 번식처를 보호해서 그들이 미래에도 살아남을 수 있도록 도울 과학적 정책 마련의 기반을 닦고 있다.

개체조사팀 과학자들이 기꺼이 먼저 나서서 새로운 수중 장비와 기술들을 실험해 보고 최초로 도입함으로써 물밑 세상에서 관찰할 수 있는 것들이 크게 늘어났다. 그들이 도입한 혁신적인 접근 방법 중에는 고해상도 비디오카메라를 수중 장비에 부착해서 깊은 수심에서도 실시간의 세밀한 관찰을 가능하게 한 것이나, 독특한 끌그물 장비 구성으로 많은 양의 물을 여과해서 예전에는 표본조사가 불가능했던 수심에서 작은 표류성 동물성 플랑크톤을 채집한 것, 그리고 거의 최초로 바다에서 직접 플랑크톤의 DNA 바코딩을 시행한 것 등이 있다. 이런 새로운 기술의 도입으로 개체조사팀 과학자들은 연구 범위를 넓히고, 연구 효율을 좀 더 높일 수 있었다. 예를 들어, 바다에서 직접 플랑크톤의 DNA 바코딩을 함으로써 기존의 방법으로는 3년 걸려야 하는 일을 이제는 단 3주 만에 마무리 지을 수 있게 되었다. 실시간으로 종을 식별하는 이 새로운 접근 방법은 육상생물이든 바다생물이든 연구자들이 종을 식별하는 방식에 혁명을 불러올 가능성이 크다.

일을 시작한 지 비교적 짧은 시간밖에 흐르지 않았는데도, 개체조사 사업은 해양 환경과 그곳에 살아가는 생물들을 이해하는 데 상당한 기여를 했다. 개체조사 사업은 애초에 계획했던 목표 중 상당수를 이뤄냈으며, 국제적인 공조망을 이루어 그 구성원들이 기꺼이 자료와 자원을 공유하면서 범지구적 규모로 연구를 수행하게 된 것도 그렇게 이룩한 중요한 성과 중 하나다. 개체조사팀 과학자들은 전 세계적으로 100번이 넘는 탐사에 참가했으며, 그 탐사 범위는 수면에서 바다 밑바닥까지, 그리고 연안에서 깊은 바다에 이르기까지 광범위했다. 지구에서 가장 추운 곳, 알려진 것 중 가장 깊은 곳에 있는 활성 열수공, 그리고 남극 얼음이 녹아서 최근에 접근이 가능해진 지역 등을 조사하면서 개체조사팀 과학자들은 예상치 못한 장소에서 생명체를 발견했고, 생물이 기대했던 것 이상으로 훨씬 다양하고 넓게 분포하는 것을 발견했다. 개체 수로 따져보자면 과학자들은 귀한 것이 흔해서 놀랐다. 이런 노력을 통해서, 알려진 것에 대한 지식이 늘어난 것은 물론, 물로 뒤덮인 드넓은

이 아름다운 풍경은 바다 오염의 주범인 토양 유출수의 실상을 숨기고 있다. 토양 유출수의 조절은 앞으로 해양생물의 개체 수를 건강하게 유지하기 위해서 반드시 풀고 넘어가야 할 수많은 숙제 중 하나에 불과하다.

공간인 이 광대한 바다에 대해서 우리가 모르는 것이 얼마나 많은지, 그리고 우리가 결코 알아내지 못할 것은 무엇인지를 더욱 이해할 수 있게 되었다.

어느 면으로 보나 이런 종합적인 노력으로 얻어낸 새로운 지식의 양은 실로 막대한 것이지만, 호주 해양과학연구소의 최고경영책임자이자 개체조사팀 과학조정위원회 의장인 이언 포이너는 '모든 해답은 새로운 질문을 낳기 때문'에 이것은 그저 시작일 뿐이라고 말한다. 그리고 이렇게 새로 떠오른 질문은 양도 많고, 깊이도 깊은 질문들이다. 기후 변화, 인류의 활동, 그리고 앞으로의 인구 성장 등이 미치게 될 역할은 예측할 수 없는 거대한 방정식의 일부이며, 결국 그 속에서 인류야말로 미래의 바다에 궁극적으로 무엇이 살게 될지를 결정하는 핵심 열쇠가 될 것이다. 개체조사팀이 밝혀낸 내용들은 참으로 심각하다. 그중 몇 개를 들자면, 전 세계 바다에서 최상위 포식자의 90퍼센트 정도가 사라져버렸고, 해양보호구역들은 산호초를 보호하는 데 효과가 없고, 인류의 남획으로 강 하구는 훼손되고 말았다.

해양생물 개체조사 사업은 바다에 과거에 무엇이 살았었고, 지금은 무엇이 살고 있는지 밝혀낸 것을 잘 요약해서 보고해 주겠지만, 가장 중요한 질문은 아직 해답 없이 남아 있다. 미래의 바다에는 무엇이 살게 될까? 이 질문에 대한 해답은 우리가 해양생물을 보존하고 보호하기 위해서 지금, 그리고 앞으로 어떤 결정을 내리느냐에 크게 달려 있다. 개체조사팀 과학자들은 올바른 관리 방식을 결정하게 도와줄 도구를 국제사회에 제공하고 있지만, 국제 사회가 정말로 그런 결정을 내릴지는 사실 아무도 모를 일이다. 과학자들이 물속에 살아가는 생명체들의 그 마술적인 아름다움과 신비에 이끌려 연구를 계속 이어 간다면, 아마도 그 해답은 앞으로 점차 분명해질 것이다.

개체조사팀의 탐사는 극에서 극으로, 연안에서 공해로, 수면에서 해저까지 구석구석에서 진행됐다. 이 사진 속에 나온 개체조사팀 연구원은 남극으로 바다표범에 꼬리표를 붙이러 갔다가 만난 젠투펭귄Gentoo penguin, Pygoscelis papua을 관찰하고 있다.

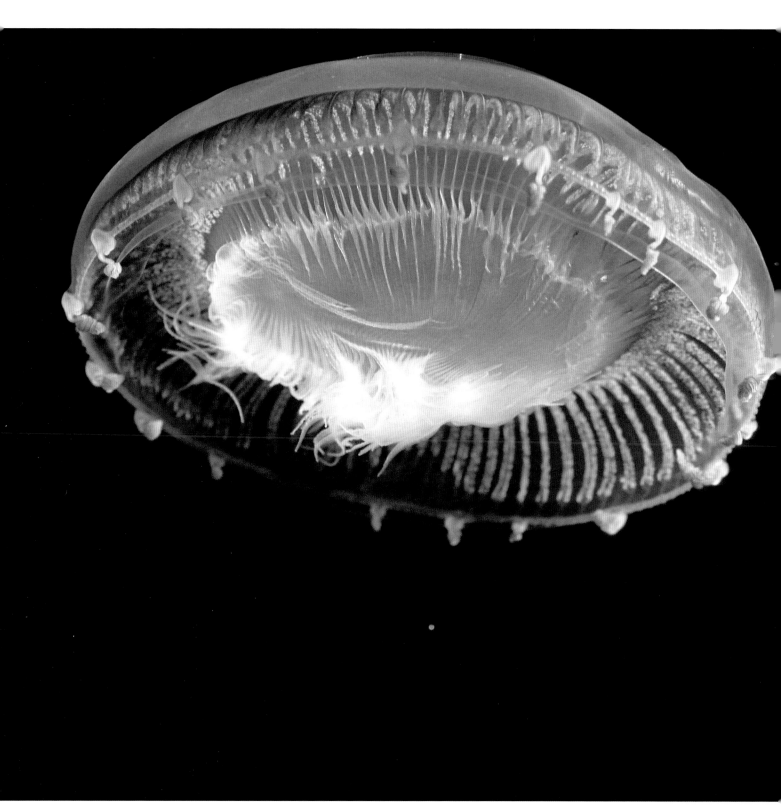

미래의 바다는 악조건에서도 잘 살아남는다 하여 바다의 바퀴벌레라고 불리는 이런 해파리들로 가득 차게 될까? 이 사진은 적응력이 뛰어난 아름다운 해파리의 일종인 Aequorea macrodactyla를 촬영한 것이다. 셀레베스 해 개체조사 탐사 도중 촬영했다.

용어 해설

가스 하이드레이트gas hydrates 내부에 가스를 포함하고 있는 얼음 결정체

갑각류crustacean 주로 수생 무척추동물로 이루어진 커다란 그룹으로 게, 바다가재, 새우, 쥐며느리, 따개비 및 기타 많은 작은 생명체들이 포함된다.

강어귀estuary 큰 강이 바다와 만나 조수가 드나드는 곳

강장동물coelenterate 이제는 사용하지 않는 용어로, 유즐동물문ctenophora(빗해파리류)과 자포동물문(산호, 진성 해파리, 말미잘, 바다조름 등), 이렇게 두 종류의 동물문을 지칭하던 말이다. 외배엽과 내배엽, 두 층의 세포층밖에 없다.

개체 수abundance 특정 종에서의 개체의 양

개폐형 다단 그물 및 환경감지 시스템MOCNESS, Multiple Opening/Closing Net and Environmental Sensing Systems 매우 촘촘한 나일론 망으로 만든 끌그물로, 심해에서 동시에 여러 수심에서 동물성 플랑크톤을 채집하는 데 사용한다.

계통 발생phylogenetic 종이나 생물 그룹, 혹은 생물의 한 특성이 진화하거나 다양화하는 것

고동물학paleozoologist 화석을 통해서 고대 동물의 습성, 구조, 생리, 분류, 분포 등을 연구하는 생물학

고생물학paleontology 동식물 화석을 통해 선사시대나 지질학적 시대에 살았던 생물의 형태를 연구하는 학문

고생태학paleoecology 화석 동물과 화석 식물들의 생태학

고이동성highly migratory 특정 동물 종의 특징을 일컫는 용어로 정기적으로 넓은 지역을 넘나드는 특성을 가리키며, 이 때문에 이런 종은 정치적인 경계도 넘나들게 되어 여러 이용자들의 이용 대상이 될 수 있다.

고해양학paleooceanography 바다의 물리적, 생물학적 특성 및 현상들을 다루는 과학의 한 분야로 오랜 고대 시기를 대상으로 삼는다.

공생관계symbiosis 서로 다른 두 종의 생물이 물리적으로 가깝게 연관을 맺고 살아가면서 생기는 상호작용으로, 일반적으로 서로에게 득이 되는 관계를 말한다.

공생자symbiont 서로 공생관계를 맺고 살아가는 두 생물 중 어느 한쪽

관벌레tube worm 바다 갯지렁이의 일종으로, 모래알갱이로 만든 관이나 바닷물에서 탄산칼슘을 분비해서 만든 석회질 관 속에 산다.

군체colony 같은 종류의 개체가 많이 모여서 공통의 몸을 조직하여 살아가는 집단. 해면, 산호 등

극피동물echinoderms 극피동물문을 지칭하는 말로, 불가사리, 성게, 거미불가사리, 바다나리, 해삼 등의 해양무척추동물을 포함하고 있다. 오각형의 방사형 대칭성이 있으며, 석회질의 골격이 있고, 수압으로 작동하는 관족tube feet이 있다.

글리페이드glypheid 바다가재와 비슷하게 생긴 십각류 갑각류 그룹으로 화석 동물군에서 중요한 위치를 차지하고 있다.

기각류pinnipeds 육식성 수생 포유류의 한 목으로 바다표범, 바다사자, 해마 등으로 구성된다. 물갈퀴 모양의 발로 구분할 수 있다.

기록저장 음향 꼬리표archival acoustic tag 신형 음향 꼬리표로서 수심, 수온 등의 자료를 추적해서 저장하는 센서가 들어 있다. 꼬리표 부착 동물이 붙박이 음향수신기를 지나쳐 갈 때 꼬리표는 식별 코드와 함께 이 측정 자료들을 송신한다.

기준선baseline 한 생태계의 특성을 설명하기 위해 사용하는 기준점으로, 이를 바탕으로 미래에 생길 양적, 질적 변화를 판단하게 된다.

끌그물trawl 해양생물 표본채집을 위해 특수하게 설계된 그물로, 보통 입구를 넓게 제작해서 배 뒤 물속에서 끌고 다닌다.

냉용수cold seeps 주변 바닷물과 온도가 같고 황화수소, 메탄 및 기타 탄화수소가 풍부한 액체가 해저에서 천천히 스며 나오는 장소

다중반사 음향측심기multibeam sonar 다중주파수 음향측심기의 다른 이름

다중주파수 음향측심기multi-frequency echo sounder 정밀한 수중 음파탐지기 시스템으로 플랑크톤 군집이나 어류 군집의 규모를 파악하거나 종 확인을 위해 사용한다.

단각류amphipods 단각목을 지칭하는 말로 이 분류에는 1밀리미터에서 140밀리미터까지 다양한 길이의 새우 비슷한 갑각류가 7,000종 넘게 포함된다.

단층rift 양쪽 지각판 사이가 벌어지는 부위

대륙대continental rise 대륙사면continental slope 아랫부분으로 심해저나 심해저평원으로 이어지는 부위

대륙붕continental shelf 육지 가장자리와 대양 분지ocean basin 사이에 있는 대단히 완만하게 경사진 경계

대륙 주변부continental margin 대륙의 바깥 가장자리를 형성하는, 물에 잠긴 대륙붕과 경사면

대멸종extinction event 상대적으로 짧은 기간에 생물 종의 수가 급감하는 사건

동물성 플랑크톤zooplankton 작은 동물 개체들과 그보다 큰 동물의 미숙 단계 개체 등을 말한다.

동위원소isotope 자연적으로 만들어지는 원소의 형태로 원자핵 속 중성자의 개수가 다르다.

두족류cephalopod 활발하게 포식활동을 하는 연체동물문의 한 강인 두족강cephal-opoda을 지칭하는 말로 문어, 오징어 및 '살아 있는 화석'으로 불리는 앵무조개 등이 여기에 해당된다. 이들은 뚜렷이 구분되는 머리와 큰 눈이 있으며, 입 주위를 촉수가 둘러싸고 있다. 먹물을 뿜어 포식자를 혼란시키는 재주가 있는 경우가 많다.

등각류isopoda 육지에 사는 쥐며느리와 몇몇 바다 기생충과 민물 기생충을 포함하는 갑각류. 납작한 체절 몸통과 서로 비슷하게 생긴 일곱 쌍의 다리가 있다.

로돌리스rhodolith 해양 홍조류를 말하며, 단단한 탄산칼슘 골격을 만들어 그 주위로 살아 있는 조류 조직이 성장한다. 로돌리스는 해저에 광범위하게 깔려 있기 때문에 다양한 관련 생물들에게 서식처를 제공한다.

망간 단괴magnanese nodule 망간과 산화철로 구성된 작은 응괴(물질이 국소적으로 축적되어 형성된 단단한 고체 덩어리)로 보통 아주 깊은 심해에 대량으로 생긴다.

먹이망food web 상호의존적으로 서로 맞물려 돌아가는 먹이사슬 시스템, 혹은 동식물 간에 이루어지는 복잡한 상호작용을 말하는 것으로 생물들이 어떻게 먹고 먹히는지를 알려준다.

바다나리crinoid 고대 해양동물로 극피동물문 바다나리강crinoidea을 구성하는 동물이다. 얕은 바다에도 살고, 수심 6,000미터의 깊은 곳에서도 산다. 갯나리, 갯고사리라고도 부른다.

바다의 산성화ocean acidification 바다가 대기에서 점차 많은 양의 이산화탄소를 흡수함에 따라 전 세계 바다의 pH가 계속해서 떨어지는 현상을 가리키는 말이다.

바이캐치bycatch 다른 어종을 잡다가 뜻하지 않게 잡힌 고기

반향정위echolocation 반사되는 음향을 통해서 사물의 위치를 알아내는 것. 돌고래나 박쥐 등의 동물이 주로 사용한다.

백악기−제3기 경계기Cretaceous/Teritiary boundary, K-T boundary 공룡과 암모나이트 두족류가 멸종한 대략 6,500만 년 전 시기

부유물 섭식동물suspension feeder 물에 실려오는 먹이와 산소에 의지해서 살아가는 동물

분류분석taxonomic analysis 생물학적 분석의 일종으로 과학자들이 생물들에게 적절한 이름을 붙이고 그들 간의 진화적 연관성을 밝혀낼 수 있도록, 생물의 유전적, 형태학적 특성을 이용해 생물 종 간의 상관관계를 분석하는 작업

분리형 기록저장 꼬리표pop-up archival tag 자료를 기록해서 저장해 두는 꼬리표로, 일정 기간 동물에 부착되어 있다가 떨어져 수면 위로 떠오르면 다양한 방식으로 수집한 자료들을 회수할 수 있게 만든 꼬리표다.

분리형 위성송신용 기록저장 꼬리표PSAT, Pop-up Satellite Archival Tag 분리형 기록 저장 꼬리표처럼 자료를 수집하지만 그 자료를 인공위성으로 송신할 수 있게 만들었다. 인공위성은 그 자료를 다시 연구자들에게 전송해 준다.

비디오 플랑크톤 녹화기VPR, Video Plankton Recorder 끌고 다닐 수 있게 만든 상자 모양의 장치로, 물을 비디오 녹화기 앞으로 통과시키면서 플랑크톤 영상을 연속적으로, 혹은 정해놓은 시간 동안 촬영한다.

산괴massif 산이 빽빽하게 모여 있는 덩어리로 특히나 산줄기에서 따로 떨어져 있는 것을 말한다.

산호 재군집reef recolonization 오염이나 폭풍, 배와의 충돌 등으로 산호의 공간이 파괴되거나 씻겨 나가는 등의 손상을 입은 이후에 산호의 구조가 다시 자라고, 산호초 동물 군집이 다시 형성되는 과정

산호초 자동 감시 구조물ARMS, Autonomous Reef-Monitoring Structure 일종의 인공 서식처로 '물속 인형의 집'이라고도 부른다. PVC 플라스틱으로 만들어졌으며 자연 산호의 구조를 흉내 낸 것으로, 산호초 환경 속에 설치하여 시간을 두고 관찰하면서 산호초 공간에 다시 군체가 형성되는 과정을 연구할 수 있다.

생물 다양성biodiversity 특정 서식처나 생태계에서 살고 있는 생물의 다양성

생물 복합성biocomplexity 인간을 포함한 생물을 지탱하고, 그들에게 영향을 미치면서, 다시 역으로 생물에 의해 변형되기도 하는, 여러 가지 행동학적, 생물학적, 화학적, 물리적, 사회적 상호작용들이 다시 또 그들 간에 어떻게 상호작용하는지를 고려하는 대단히 폭넓은 개념

생물군biota 특정 지역이나 서식처, 혹은 특정 지질학적 시기에 살고 있는 동식물

생물량biomass 특정 시간에 특정 영역이나 생태계에 들어 있는 생물체의 총 질량

생물학적 집중지역biological hotspot 바다에서 높은 생산성을 보이며, 일반적으로 높은 생물 다양성이 집중되어 있는 지역

생물활동기록biologging 동물에 붙인 꼬리표를 이용해서 물리적, 생물학적 자료들을 기록하고 전송하는 방법

생태계에 기반을 둔 관리ecosystem-based management 자원관리 시스템을 말하는 것으로, 자원관리를 하나나 작은 그룹의 생물 종만을 대상으로 하기보다는 전체 생태계의 균형을 유지한다는 관점에서 생물자원을 보호, 보존하면서 활용하는 관리법을 말한다.

서식처habitat 생물들이 집으로 삼고 살아가는 특정한 유형의 환경

수화물hydrates 물분자가 다른 화합물이나 원소와 화학적으로 결합한 화합물로 보통 결정체다.

시간/수심 기록기TDRs, Time/Depth Recorders 생물활동기록에 사용하는 꼬리표의 일종으로 코끼리바다표범 같은 해양 포유류의 잠수 시간과 잠수 깊이 등을 기록한다.

식물성 플랑크톤phytoplankton 바다나 민물에서 떠다니며 사는 현미경적으로 작은 식물

심해 예인선DTV, Deep Towed Vehicle 무인잠수정의 일종으로 대양을 통과하는 연구선 뒤로 끌고 다니면서 바다의 생물학적, 물리적, 화학적 측면을 측정할 때 사용한다.

심해저평원abyssal plains 수심 4,000미터에서 6,000미터 정도의 넓고 상대적으로 평평한 심해 해저

십각류decapods '발이 열 개'라는 뜻으로, 갑각류에 속하는 목이다. 바다가재, 게, 가재, 참새우, 새우 등 우리에게 익숙한 종들이 많이 포함되어 있다. 대부분의 십각류는 청소 동물이다.

쌍각류bivalves 굴, 대합, 홍합, 가리비 등의 해양 연체동물로 두 개의 껍데기에 쌓인 편평한 몸을 갖고 있다.

씨새우ostracod 소형 수생 갑각류의 한 강으로 부속지의 숫자가 줄어들어 있고, 경첩이 있는 껍질에 싸여 있으며 더듬이와 부속지 몇 개만 그 사이로 삐져나와 있다.

아르고스 위성 원격측정Argos satellite telemetry 위성중계기술로 이것을 이용하면 연구자들은 동물의 이동이나 환경 조건들을 전 세계적으로 추적할 수 있다.

연안 환경nearshore environment 연안의 좁은 지역으로 육지와 근접해 있기 때문에 인근에 사는 사람들의 영향을 직접적으로 받는 곳이다. 예를 들면, 해안가, 연안의 만, 강

어귀, 산호초 등이 있다.

연체동물mollusk 달팽이, 민달팽이, 홍합, 문어 등을 포함하는 규모가 큰 무척추동물 문이다. 연체동물은 체절이 없는 부드러운 몸통을 가지고 있으며, 물속이나 축축한 서식처에 산다. 그리고 대부분은 석회질로 된 껍질이 있다.

열수공hydrothermal vent 지각의 균열을 통해서 과열되고 미네랄이 풍부한 물이 끊임없이 흘러나오는 해저의 장소

열염순환thermohaline circulation 바람이 아니라 바닷물의 비중 차이로 인해 움직이는 해양 순환

영양 역사trophic history 한 생물이 먹이사슬에서 차지하고 있는 역사적 위치. 어떤 사람들은 이 용어를 그 생물이 지금까지 무엇을 먹고 살았는지를 뜻하는 의미로 사용하기도 한다. 이것은 그 종의 지방 구성분이나 동위원소 비율을 분석하면 분석 가능하다.

요각류copepods 작은 수생 갑각류로 플랑크톤인 경우가 많고, 일부는 대형 수생 동물에 기생한다.

용승upwelling 해양학적 현상으로 바람이 한 지역의 수면에서 물을 몰고 가면, 그 공간을 채우기 위해서 깊은 곳에 있던 물이 수면으로 떠오르는 현상을 말한다.

원격조정 잠수정ROV, Remotely Operated Vehicle 케이블을 이용해 원격으로 조정하는 잠수정

원생동물protozoan 단세포 진핵생물

위성중계형 자료기록기satellite-relayed data logger 정밀한 자급자족형 장치로 다양한 센서가 달려 있어 동물에 부착해 놓고 수심, 수온, 염도, 유영 속도 등의 자료를 모으며 며칠에서 몇 년까지 다양한 기간에 걸쳐 사용할 수 있다.

음향 꼬리표acoustic tag 동물에 부착하는 전자 꼬리표로 음향신호를 이용해 꼬리표를 부착한 동물의 위치와 수심, 주변 수온, 광량 등의 정보를 송신한다.

음향신호 수신 커튼listening curtain 음향신호 수신기를 경계를 따라 일렬로 배열해 놓은 것으로, 수신기들과 동물이 달고 다니는 음향 꼬리표 사이의 커뮤니케이션을 통해 과학자들은 동물이 경계를 통과할 때나 어떤 범위를 움직일 때, 그것을 추적할 수 있다.

이동 선박용 관측기MVP, Moving Vessel Profiler 연구선에 끌고 다니면서 아래위로 움직이는 장비다. 비디오 플랑크톤계산기video plankton counter나 다른 표본조사 장비를 수납해서 장착하는 용도로 사용한다.

인공위성 원격탐사satellite remote sensing 빛이나 레이더의 반사를 이용해서 (식물성 플랑크톤의 개체량을 말해주는) 엽록소 농도, 수온, 해류 등 바다의 다양한 상태를 판단하는 기

술이다.

인공지능형 위치/온도 추적 꼬리표SPOT, Smart Position and Temperature tags 일군의 생물활동 기록 꼬리표를 말하는 것으로 동물의 위치와 수온, 속도, 그리고 주변 수압(수심을 말해줌) 등의 정보를 기록한다. 이 꼬리표는 동물이 수면 위로 올라오거나 수면 가까이 오면 자료를 송신하도록 설계되었다.

자동 무인 잠수정AUV, Autonomous Underwater Vehicle 모선과 케이블로 연결하지 않는 탐사용 무인 잠수정

자동 해저착륙기ALV, Autonomous Lander Vehicle 해저에서 사용하는 금속 틀 구조물로, 해저생물들을 저속으로 촬영하는 장비가 장착되어 있고, 전도율, 수온, 수심, 유속 등 바다의 물리적 특성을 측정할 수 있는 장비들을 장착할 수 있다.

자포동물cnidarians 약 9,000종 정도의 수생동물 종을 포함하고 있는 자포동물문cnidaria을 지칭하는 말로 대부분 해양동물이다. 먹이를 잡을 때 사용하는 특수 세포인 자포세포cnidocyte를 가지고 있는 것이 두드러진 특징이다.

잠수정submersible 수중 운송장비의 일종으로 이동능력이 제한되어 있다. 일반적으로는 작동 지역까지는 모선에 실려 운반된다. 유인 잠수정도 있고, 무인 잠수정도 있다.

전도율/수온/수심 꼬리표CTD tag, Conductivity/Temperature/Depth tag 스코틀랜드 세인트앤드루스 대학의 해양포유동물 연구부에서 개발한 신세대 위성중계형 자료기록기. 이 장치는 바다표범이나 장수거북 연구 같은 최신 꼬리표 적용 연구에서 많이 사용되는 표준 기술이다.

절지동물arthropods 절지동물문을 지칭하는 말로, 큰 무척추동물문이며 곤충류, 거미류, 갑각류 및 그와 가까운 종들을 포함하고 있다. 알려진 모든 동물 종 중에 대략 80퍼센트 정도가 절지동물문에 속한다. 절지동물은 체절과 외골격, 그리고 마디다리를 가지고 있으며, 강으로 다시 세분하기도 한다.

종 분화speciation 진화 과정에서 새로운 종이 출현하는 것

주낙longlining 가장 널리 사용되는 어업기법 중 하나로 수 킬로미터에 이르는 낚싯줄에 미끼를 단 바늘을 내려 다양한 어종을 잡아낸다.

지리정보 시스템GIS, Geographic Information Systems 특정 지역의 서로 다른 수많은 물리적, 생물학적 특성의 측정치를 지도에 시각적으로 표현해 주는 컴퓨터 기술

집게발cheliped 갑각류의 다리 중 집게를 달고 있는 다리

초대륙supercontinental 지질학적인 과거에 현재의 대륙으로 나뉜 것으로 생각되는 몇몇 거대한 대륙을 말한다. 주목할 만한 것으로는 판게아Pangaea, 곤드와나Gondwana, 로라

시아Laurasia 등이 있다.

측면주사 음파탐지기side-scan sonar 음향기술의 일종으로 해저 지도를 작성하거나 어군을 추적할 때 사용한다. 배나 예인 장치에서 음파를 발사하면, 수중 물체에 부딪힌 음파는 반사되어 배로 다시 돌아오고, 장비가 이것을 해석해 영상으로 변환한다.

측심학bathymetric 바다나 호수의 수심을 측정하는 학문

크릴krill 공해에 사는 새우 비슷하게 생긴 작은 갑각류 플랑크톤이다. 고래나 펭귄, 바다표범 같은 몇몇 대형 동물이 즐겨 잡아먹는다.

탄산칼슘calcium carbonate 많은 해양동물들이 껍질과 골격을 만들 때 사용하는 화합물

페름기-트라이아스기 경계기Permian/Triassic boundary 약 2억 5,100만 년 전으로 가장 큰 규모의 대멸종 사건이 일어났다.

표재동물epifauna 해저에 사는 해양동물

표준 연구 프로토콜standardized investigation protocol 연구 수준을 확보하고, 연구 간의 올바른 비교와 연구 결과의 재현성 확보가 가능하도록 연구자들이 서로 동의해서 수용하는 과학 절차 및 방법을 말한다.

플랑크톤plankton 바다나 민물에서 떠다니며 사는 작은 생물. 주로 규조류(단세포 조류), 원생동물(단세포 미생물), 작은 갑각류, 그보다 큰 동물의 알이나 유생 등으로 구성된다.

해양보호구역MPA, Marine Protected Areas 그 환경의 일부 또는 전체를 보호하기 위해 법이나 기타 효과적인 방법을 동원하여 보호하는 바다의 특정 지역과 그 관련 동식물 군 및 역사적, 문화적 특색을 말한다.

해양 분지ocean basin 바닷물이 들어 있는, 지표면에 자연적으로 생긴 함몰부

해양생물 지리정보 시스템OBIS, Ocean Biogeographic Information System 해양생물 개체조사 사업의 대화형 온라인 데이터베이스

해양 컨베이어 벨트global conveyor belt 전 세계 바다에서 돌아가는 열염순환을 가리킬 때 사용하는 용어

해저benthic 바다 밑바닥을 의미하는 말로, 바다나 호수 밑바닥의 침전물과 동식물 군집 등을 지칭할 때 사용하는 용어다.

해저 그랩benthick grab 해저에서 표본을 채취하는 장비로, 말 그대로 바다 밑바닥에서 연구용 표본을 한 움큼 움켜쥐고 올라오는 장비를 말한다.

해저산seamounts 수면 아래 잠겨 있는, 일반적으로 경사가 가파른 사화산이다. 해저산은 공식적으로 높이가 적어도 1,000미터 이상이라야 한다.

해저해구submarine trench 대륙사면의 해저에 있는 해구

해저협곡submarine canyon 대륙사면의 해저에 있는 경사가 가파른 협곡

혐기성 환경anaerobic 산소가 없는 환경

형태학morphology 생물의 형태와 생물의 구조들 간의 관계를 다루는 생물학의 한 분야

호상열도island arc 지각판의 이동으로 형성된 화산섬들이 둥근 사슬처럼 배열된 것

화학합성 생태계chemosynthetic ecosystems 생물들이 광합성보다는 화학 과정에 의지해서 살아가는 장소

흡입식 표본채집기slurp gun 생물을 빨아들여서 표본 채집하는 장비

DNA 바코딩DNA barcoding 생물체의 작은 DNA 조각을 이용해서 종을 식별하는 식별법으로, 이 DNA 서열을 이용하면 앞으로 생물 종을 식별할 때 바코드처럼 써먹을 수 있다.

추천 도서

해양생물 개체조사 관련 출판물의 전체 목록은 http://db.coml.org/comlrefbase에서 찾아볼 수 있다. 흥미를 끌 만한 다른 책들을 아래 소개한다.

Antczak, Andrze, Roberto Cipriano, eds. *Early Human Impact on Megamolluscs.* London: Archaeopress, *British Archaeological Reports* 를 펴낸 출판사, 2008년

Baker, Maria, Brigitte Ebbe, Jo Hoyer, Lenaick Menot, Bhavani Narayanaswamy, Eva Ramirez-Llodra, Morten Steffensen. *Deeper Than Light.* Bergen, Norway: 베르겐 박물관 출판부, 2007년

Carson, Rachel. *The Edge of the Sea.* Boston: Mariner Books, 1998년

해양생물 개체조사 해저산 자료 분석 작업반. *Seamounts, Deep-Sea Corals and Fisheries: Vulnerability of Deep-Sea Corals to Fishing on Seamounts beyond Areas of National Jurisdiction.* Cambridge: 유엔환경계획 세계환경보전감시센터, 2006년

Clover, Charles. *The End of the Line: How Overfishing Is Changing the World and What We Eat.* Berkeley: 캘리포니아 대학교 출판부, 2008년

Corson, Trevor. *The Secret Life of Lobsters: How Fishermen and Scientists Are Unraveling the Mysteries of Our Favorite Crustacean.* New York: Harper Perennial, 2005년

Cousteau, Jacques. *The Human, the Orchid, and the Octopus: Exploring and Conserving Our Natural World.* New York: Bloomsbury, 2008년(재출간본)

Earle, Sylvia. *Sea Change: A Message of the Oceans.* New York: Ballantine Books, 1996년

Earle, Sylvia와 Linda Glover. *Ocean: An Illustrated Atlas*: Washington, D.C.: 내셔널 지오그래픽 소사이어티, 2008년

Ellis, Richard. *Singing Whales and Flying Squid: The Discovery of Marine Life.* Guilford, CT: Globe Pequot Press, 2006년

Ellis, Richard. *Tuna: A Love Story.* New York: Knopf, 2008년

Field, John G., Gotthilf Hempel, Colin P. Summerhayes, eds. *Oceans 2020: Science,*

Trends, and Challenge of Sustainability. Washington, D.C.: Island Press, 2002년

Grescoe, Taras. *Bottom Feeder: How to Eat Ethically in a World of Vanishing Seafood.* New York: Bloomsbury, 2008년

Koslow, Tony. *The Silent Deep: The Discovery, Ecology, and Conservation of the Deep Sea.* Chicago: 시카고 대학교 출판부, 2007년

Monslave, Héctor Elias, Pablo Enrique Penchaszadeh. *Patagonia Submarina/ Underwater Patagonia.* Buenos Aires: Ediciones Lariviére, 2007년

Nouvian, Claire. *The Deep: The Extraordinary Creatures of the Abyss.* Chicago: 시카고 대학교 출판부, 2007년

Pitcher, Tony J., Paul J. B. Hart, Telmo Morato, Malcolm R. Clark, Nigel Haggan, Ricardo S. Santos, eds. *Seamounts: Ecology, Fisheries and Conservation.* Oxford: Wiley Blackwell, 2007년

Prager, Ellen. *Chasing Science at Sea: Racing Hurricanes, Stalking Sharks, and Living Undersea with Ocean Experts.* Chicago: 시카고 대학교 출판부, 2008년

Roberts, Callum. *The Unnatural History of the Sea.* Washington, D.C.: Island Press, 2007년.

Sloan, Stephen. *Ocean Bankruptcy: World Fisheries on the Brink of Disaster.* Guilford, CT: The Lyons Press, 2003년

Starkey, David J., Poul Holm, Michaela Barnard. *Oceans Past: Management Insights from the History of Marine Animal Populations.* London: Earthscan, 2008년

Thorne-Miller, Boyce, Sylvia Earle. *The Living Ocean: Understanding and Protecting Marine Biodiversity.* Washington, D.C.: Island Press, 1999년

Wehrtmann, Ingo S., Jorge Cortés, eds. *Marine Biodiversity of Costa Rica, Central America.* New York: Springer, 2008년

Wilkinson, C., ed. *Status of Coral Reefs of the World: 2008,* Townsville, Australia: 전 세계 산호초 감시 네트워크, 2008년

2	Courtesy Kevin Raskoff
6	Courtesy Kevin Raskoff
10	Courtesy Kevin Raskoff
14	Courtesy NASA / GSFC
16	Courtesy Gary Cranitch, Queensland Museum
18	Courtesy DJ Patterson / Marine Biological Laboratory, Woods Hole
19	© www.davidfleetham.com
20–21	Courtesy Kevin Raskoff
22	© www.davidfleetham.com
24	Courtesy Gary Cranitch, Queensland Museum
25	Courtesy Cheryl Clarke Hopcroft
26	Courtesy Susan Middleton
29	Courtesy Kevin Raskoff / NOAA / Handout / Reuters / Corbis
30–32	Cartography courtesy George Walker
33	Courtesy NASA / GSFC
34	Blegvad, H. *Fiskeriet i Danmark*, Bind 1: *Selskabet til udgivelse af kulturskrifter* (1946)
35	Top: Courtesy Russ Hopcroft Bottom: Courtesy Emory Kristof
36	Courtesy Bodil Bluhm / Katrin Iken
37	Courtesy Russ Hopcroft
39	Courtesy Kacy Moody
40–41	Courtesy Sara Hickox
42	Courtesy Katrin Iken / Casey Debenham
43	Courtesy Kimberly Page-Albins / NOAA Pacific Islands Fisheries Science Center
44	Courtesy Tin Yan Chan
45	Courtesy Russ Hopcroft
47	Courtesy David Shale
48	Top: Courtesy Albert Gerdes / MARUM Bottom: Photo by Malcolm Clark, NIWA
49	Courtesy Bodil Bluhm
50	Courtesy Gauthier Chapelle / Alfred Wegener Institute for Polar and Marine Research
51	Courtesy J. Gutt, © AWI / MARUM, University of Bremen
52–53	Courtesy David Patterson
54	Image © 2009 Museum of Fine Arts, Boston
58	Top: Courtesy collection of CoML Bottom: Courtesy personal collection of G.A. Jones
59	Top: *Paintings for the Studies of Fisheries and Marine Hunting in the White Sea and the Arctic Ocean*, St. Petersburg, 1863 Bottom left: Postcard circa 1910, from the personal collection of G.A. Jones, 2005 Bottom right: Unknown photographer, courtesy collection of CoML
60	Top and bottom: Reproduced with permission from the W.B. Leavenworth Historic Postcard Collection
62	Courtesy NASA / GSFC
63	Illustration by Hans Petersen (1885)
64	Courtesy Smithsonian Institution Archives, Record Unit 7231, image # SIA2009-0883
66	Top and bottom: Courtesy Geert Brovard
68	Postcard circa 1920, courtesy collection of CoML
70	Brandenburg, H. *Die Reihe Archivbilder Hamburg-Altona.* (Erfurt, Germany: Sutton Verlag, 2003)
71	Tangen, M. 1999: www.fiskeri.no *Storjefisket pa vestlandet.* (Bergen, Norway: Eide Publisher). Rolf Holmen, photographer
72	Svendsen, L. *Saltvands-fiskeri: Bogen om lystfiskeri ved de danske kyster og ude paa havet* (Copenhagen, Denmark: J. Fr. Clausens Forlag, 1946)
73	Svendsen, L. *Lystfiskeren: lysfiskeri vore ferske vande, langs kysterne og paa havet.* (Copenhagen, Denmark: Hage & Clausens Forlag, J. Fr. Clausen, 1932)
74–75	Courtesy Kevin Raskoff
76	Photo by Bruce Strickrott, Woods Hole Oceanographic Institution
78	Courtesy Emory Kristof / National Geographic Image Collection
79	Courtesy Brigitte Ebbe
80	Courtesy Jo Høyer, MAR-ECO
81	Top and bottom: Courtesy H. Luppi/NOCS, UK
83	Courtesy NOAA/Olympic Coast National Marine Sanctuary, http://oceanexplorer.noaa.gov/explorations/06olympic/background/mapping/media/towfish.html
84	Bathymetry courtesy NOAA Pacific Island Fisheries Science Center, Coral Reef Ecosystem Division, Pacific Islands, University of Hawaii Joint Institute for Marine and Atmospheric Research
86	This image is supplied by Ocean lab *Oceanlab*, the University of Aberdeen, Scotland. Copyright reserved
87	Top: Photo by Larry Madin, Woods Hole Oceanographic Institution Bottom: Courtesy NOAA, http://oceanexplorer.noaa.gov/explorations/lewis_clark01/background/midwater_realm/media/imkt2.html
88	Top: Courtesy Jo Høyer, MAR-ECO Bottom: Courtesy NOAA, http://oceanexplorer.noaa.gov/explorations/04fire/logs/april14/media/net_dower.html
89	Top: Courtesy Brigitte Ebbe Bottom: Courtesy David Welch
90	Courtesy Barbara A. Block / Scott Taylor
91	Courtesy NASA
92	Courtesy Tetsuya Kato / NAGISA
93	Courtesy Halvor Knutsen
94	Courtesy NOAA, http://oceanexplorer.noaa.gov/technology/tools/mapping/media/gis_gulf.html
96	Courtesy Edward Vanden Berghe
97	© Stephen Frink / Getty Images
98	Courtesy Mike Goebel, U.S.-AMLR Program
100	© Monterey Bay Aquarium, photo by Randy Wilder
101	Courtesy Michael Fedak
102	Top: Courtesy George Shillinger Bottom: © Mike Johnson
103	Courtesy Barbara A. Block / TOPP
104	Courtesy Dan Costa
105	Courtesy Mike Belchik / Yurok Tribal Fisheries Program
106	Top: Courtesy David Welch Bottom: Courtesy Paul Winchell
107	Courtesy Dan Costa
108	Courtesy Rick Lichtenhan
109–111	Courtesy Dan Costa
112	© Monterey Bay Aquarium, photo by Randy Wilder
113	Courtesy Barbara A. Block / Scott Taylor
114	Photograph by Margaret Butschler, courtesy of Vancouver Aquarium
115	Courtesy Josh Adams
116	Courtesy G. Chapelle / AWI
118	Courtesy Elizabeth Calvert Siddon, NOAA
119	Top and Bottom: Courtesy NASA
120	Courtesy Bodil Bluhm
121	Image courtesy of The Hidden Ocean, Arctic 2005 Exploration, http://oceanexplorer.noaa.gov/explorations/05arctic/welcome.html